环境工程 CAD 制图

白少元　主　编

张亚楠　副主编

中国环境出版集团·北京

图书在版编目 (CIP) 数据

环境工程 CAD 制图 / 白少元主编；张亚楠副主编 . —北京：
中国环境出版集团，2023.7（2024.8 重印）

ISBN 978-7-5111-5558-0

Ⅰ.①环… Ⅱ.①白…②张… Ⅲ.①环境工程—计算机辅助
设计—AutoCAD 软件 Ⅳ.① X5-39

中国国家版本馆 CIP 数据核字（2023）第 122541 号

责任编辑　赵楠婕
封面设计　彭　杉

出版发行　中国环境出版集团
　　　　　（100062　北京市东城区广渠门内大街 16 号）
　　　　　网　　址：http://www.cesp.com.cn
　　　　　电子邮箱：bjg1@cesp.com.cn
　　　　　联系电话：010-67112765（编辑管理部）
　　　　　　　　　　010-67162011（第四分社）
　　　　　发行热线：010-67125803，010-67113405（传真）
印　　刷　玖龙（天津）印刷有限公司
经　　销　各地新华书店
版　　次　2023 年 7 月第 1 版
印　　次　2024 年 8 月第 2 次印刷
开　　本　787×1092　1/16
印　　张　11.25
字　　数　255 千字
定　　价　56.00 元

前　言

设计图是设计师的语言，设计思想的载体，也是工程建设的重要依据。设计人员应当具备将自己的设计方案用规范、美观的图形表达出来的基本能力。本书作为环境工程设计人员的入门书籍，详细讲述了使用环境工程专业在实际工程中应用最为广泛的 AutoCAD 软件绘制二维图形的方法。在编写思路上，根据渐进式的思维习惯，按照"会使用软件—知设计要点—懂绘图规范—出专业图纸"的逻辑组织内容，帮助读者在短时间内掌握环境工程设计制图的基本知识，独立绘制图形。全书学习要点如下：

一是通过绘制简单图形，学会使用 AutoCAD 绘图工具及编辑工具。

二是学习不同设计阶段的图纸类型及设计基础知识。

三是了解与环境工程制图相关的标准及规范。

四是以水污染控制、大气污染控制、固体废物处理处置实际工程图纸为素材，介绍各类图纸的设计要点，帮助读者识图。按图形绘制顺序，对绘制步骤进行说明，将专业图纸的绘制过程逐步呈现给读者，引导读者完成图形绘制。

为更好地帮助读者快速掌握绘制技能，本书将配套的典型图形绘制视频以二维码的形式收录在书中，推荐读者跟随其中讲解进行学习，以达到实训的目的。

全书分为三篇，共七个章节，编写人员有白少元（第 2 章部分、

第 5 章、第 6 章部分及视频制作）、张亚楠（第 3 章）、张琴（第 1 章）、刘辉利（第 7 章）、丁彦礼（第 2 章部分及视频制作）、李宁杰（第 6 章部分）、许丹丹（第 4 章部分）、游少鸿（第 4 章部分及附表）。本书由白少元担任主编，张亚楠担任副主编。广西环保产业投资集团有限公司宋玉峰、广西水利电力勘测设计研究院有限责任公司傅文华、恒晟水环境治理股份有限公司邓振贵为本书提供了大量的图纸案例及专业意见，在此对他们表示诚挚的谢意！

本书由桂林理工大学广西环境科学与工程一流学科、广西岩溶地区水污染控制与用水安全保障协同创新中心共同资助。由于本书涉及领域广泛，编者水平及经验有限，难免挂一漏万，不足之处敬请广大读者不吝指正。

白少元

2023 年 6 月

目　录

第 3 篇　环境工程图纸绘制

第**1**篇

基本图形绘制及图形编辑

第 **1** 章
基本概念和基本操作

本章小结

（1）以 AutoCAD 2021 为例，介绍了 AutoCAD 的工作界面组成及其功能。

（2）介绍了图形文件的管理等操作。

本章主要帮助读者认识 AutoCAD 2021 的工作界面，了解图形文件基本管理方法。

1.1 AutoCAD 2021 工作界面

AutoCAD 2021 安装完毕后，系统将自动在计算机桌面上生成快捷方式图标，双击该图标，即可启动软件。

启动后，AutoCAD 2021 的工作界面分为"草图与注释"、"三维建模"和"三维基础"3 种，可以通过单击右下角小齿轮右侧的小三角 ✿ ▾ 进行切换。环境工程 CAD 专业图件主要为二维图，使用"草图与注释"工作界面进行绘制，本书主要介绍该界面主要功能的用法。

"草图与注释"工作界面由标题栏、菜单栏、工具栏、状态栏、绘图选项卡、绘图窗口、命令窗口、模型 / 布局选项卡、坐标系等组成（图 1-1）。

（1）标题栏：标题栏上会显示当前所操作的图形文件的名称，还能执行窗口的最小化、还原 / 最大化、关闭等操作。

（2）菜单栏：菜单栏用于执行 AutoCAD 2021 大部分命令。选择菜单栏的某个选项，会弹出相应的下拉菜单，下拉菜单中的菜单项右侧若标有小黑三角 ▶，则表示有下级子菜单；右侧若有…，则表示单击该菜单项后会弹出对话框。

（3）工具栏：在环境工程制图过程中，常用的工具栏包括绘图工具栏、修改工具栏及标注工具栏，工具栏是浮动的，用户可根据需要将工具栏拖到任意位置。

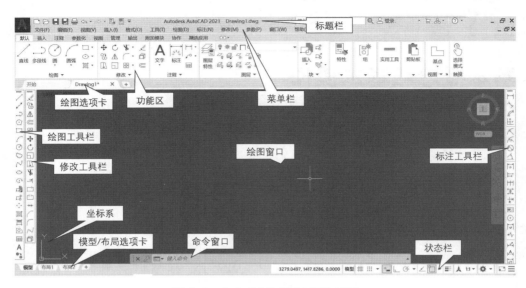

图 1-1　AutoCAD 2021 工作界面

打开或关闭工具栏的操作方法：单击菜单栏的【工具】—【工具栏】—【AutoCAD】—【修改】（图 1-2），选中要显示的工具栏后，其名称左侧会显示☑，未显示☑的工具栏表示已关闭。选中的工具栏显示于绘图区的两侧，方便在绘图过程中使用。工具栏中的工具同样也可以在功能区调用，使用者依据个人的绘图习惯确定如何选择工具栏。

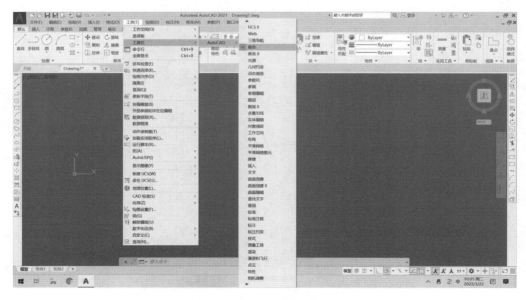

图 1-2　工具栏列表

（4）状态栏：状态栏位于主窗口的底部，其中的按钮用于绘图过程中常用的正交、对象捕捉等功能的启闭，本书后续章节将陆续介绍各类按钮的功能及用法。

（5）绘图选项卡：当打开或绘制多个图形文件时，会出现对应的绘图选项卡，图形名称会显示在选项卡上，单击选项卡，即可完成图形文件之间的切换。

（6）绘图窗口：绘图窗口是图形绘制的主要区域。

（7）命令窗口：命令窗口是用户以键盘输入命令进行绘图操作和 AutoCAD 2021 通过提示信息向用户反馈的区域。用户执行连续操作时，系统会在此提示下一步的选项，用户输入提示信息括号中的内容，即可执行该操作。用户在使用 AtuoCAD 2021 的过程中，应多注意命令窗口的提示，这有助于对软件的自主学习。在 AutoCAD 2021 中，输入命令须在英文状态下进行。可以通过鼠标拖动改变命令窗口的大小。

（8）模型 / 布局选项卡：模型选项卡用于实际尺寸的图形绘制，布局选项卡用于不同比例的打印出图，单击选项卡，即可实现不同空间的切换。

（9）坐标系：二维绘图的坐标系显示在绘图区左下角，一般采用世界坐标系（World Coordinate System，WCS）进行绘图，以水平向右为 X 轴的正方向，垂直向上为 Y 轴的正方向。

1.2 图形文件管理

图形文件的扩展名为".dwg"，AutoCAD 2021 的样板文件上通常会包括一些对通用图形对象，如图框、标题栏、图层、文字样式及尺寸样式等的设置。

1.2.1 新建图形

（1）菜单方式：【文件】—【新建】。

（2）命令方式：输入 NEW（AutoCAD 2021 命令窗口不区分字母的大小写，本书统一采用大写字母表示）。

随后，AutoCAD 2021 会打开"选择样板"对话框，如图 1-3 所示。初学者通常选择空白模板（acadiso.dwt）；较高水平的用户，可根据需要建立自己的模板文件，单击打开按钮，即可使用该模板建立新图形。

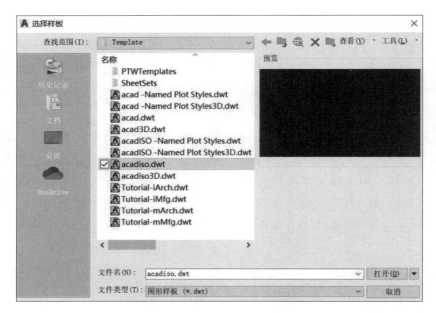

图 1-3 "选择样板"对话框

1.2.2 打开、保存、另存为

单击 AutoCAD 2021 左上角的快捷访问工具栏（图 1-4），即可执行打开、保存、另存为等功能。

图 1-4 快捷访问工具栏

AutoCAD 2021 一般提供 3 种途径来执行操作。

（1）快捷键方式：只需单击相应快捷按钮即可，方便初学者使用。

（2）菜单方式：当想执行的操作没有对应的按钮时，一般可在菜单中找到该选项后使用。

（3）命令方式：直接在命令窗口键入命令，方便较高水平用户快速绘图。

打开、保存及另存为的菜单方式及命令方式执行途径如下。

● 打开。

菜单方式：【文件】—【打开】；

命令方式：OPEN。

● 保存。

菜单方式：【文件】—【保存】；

命令方式：QSAVE。

● 另存为。

菜单方式：【文件】—【另存为】；

命令方式：SAVEAS。

1.3 练习与思考

思考 AutoCAD 2021 基本操作与其他绘图软件及办公软件相比有哪些异同。

第 **2** 章
图形绘制与图形编辑

🎯 本章小结

（1）介绍了 AutoCAD 提供的绘制及修改基本二维图形（如直线、圆形、弧、多边形、椭圆等）的主要功能，同时介绍了图形绘制过程中需要用到的偏移、修剪、阵列、复制、旋转、缩放、圆角／倒角等功能。用户可以通过单击功能区的相应按钮或在命令窗口输入命令来执行这些功能。

（2）通过本章介绍的图形画法，用户应能感觉到，绘图时经常需要准确地捕捉圆心、象限点、交点等，因此要熟练应用精准绘图工具，提高绘图准确度，加快绘图速度。

（3）AutoCAD 提供了良好的人机对话功能，会同时在光标周围及命令窗口浮现出下一步操作提示，用户可根据个人习惯，选择点击鼠标或用键盘输入对应提示信息括号中的内容进行操作，用户无须记住每步的操作命令，简单方便。

（4）使用 AutoCAD 可以通过多种方法实现图形绘制，如绘制一组平行线，既可以通过复制实现，也可以通过偏移、阵列得到，应多尝试不同绘图方法，提高个人绘图水平。

本章首先介绍 AutoCAD 2021 的常用功能键，如绘图区中图形的显示功能、放大／缩小功能以及对点线进行精确定位的对象捕捉、正交、对象追踪功能等，帮助用户形成精准制图的良好习惯，提高绘图效率及准确度。随后通过讲解简单图形的绘制步骤，使读者快速掌握 AutoCAD 2021 绘图工具及编辑工具的使用方法。

2.1 键盘上的常用键

（1）回车键：绘图过程中，经常需要用到回车键来确认命令的执行。在 AutoCAD 中，回车键功能等同于空格键，因此，也可以按空格键来执行输入命令。

（2）空格键：除具有与回车键相同的功能外，按下空格键还能重复上一个操作步骤，如连续进行点的输入时，只需按空格键，即可重复输入点的坐标。

（3）ESC 键：当用户想取消正在执行的操作时，按键盘左上角的 ESC 键即可。

（4）Delete 键：当需要删除线条等图形时，将待删除的内容选中后，按键盘上的 Delete 键，即可删除。

2.2 图形显示控制

图形显示缩放不能改变图形的实际尺寸，只是将屏幕上的对象放大或缩小，以显示图形局部细节，或观察图形全貌。

2.2.1 视图缩放

在绘图过程中，需要放大或缩小图形时，只需滚动鼠标中间的滚轮，就可以实现以鼠标光标为中心的实时缩放操作，按住鼠标中间的滚轮，光标会变为🖐状则可以执行视图平移操作。

如需对视图进行精准缩放，则可在键盘上输入"ZOOM"，按回车／空格键确认，命令窗口提示下一级操作选项（图 2-1）。

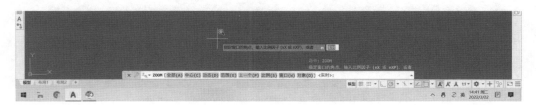

图 2-1 视图缩放选项

此时，可执行的下一级操作包括：

（1）直接回车，则光标会切换为🔍标识，此时，依次单击需要放大区域的左上角及右下角，该区域会被自动放大，并充满绘图区。

（2）若想将区域放大或缩小为现有显示的某个倍数，则直接输入倍数及 X 后回车，如输入"2X"表示放大两倍、输入"0.5X"表示缩小为原来的一半。

进行 2 倍缩放连续的操作命令为：ZOOM + 回车 + 2X + 回车。

（3）若想将已经绘制的内容全部显示在屏幕上，则执行全部缩放功能，其操作命令为：ZOOM + 回车 + A + 回车。

2.2.2　图形显示移动

图形显示移动是指图形连同纸面一同移动，将图纸的特定部分显示在绘图窗口中，方便绘图者观察，此操作图形相对于图纸的实际位置不变。实现图形显示移动的操作方法如下。

用键盘输入"PAN"并按回车键，此时光标变为🖐状，单击鼠标就可以完成图形的移动。

结束图形显示移动命令，在键盘上按回车键或 ESC 键即可。

2.3　精准绘图工具

AutoCAD 2021 右下角的状态栏集成了栅格和捕捉、正交、极轴追踪、对象捕捉等功能，帮助绘图者精准绘图。

2.3.1　栅格和捕捉

栅格功能是用等距的线充满用户定义的图形界面，栅格功能可以通过单击右下角状态栏中的栅格命令按钮来打开或关闭（图 2-2）。使用栅格功能便于对齐图形对象和显示对象，界面中显示的栅格在打印时不会输出。

图 2-2　栅格显示及其控制按钮

栅格和捕捉功能可以辅助绘图者实现准确定位及间距控制。当栅格和捕捉功能开启时，这些栅格线的交点对光标有吸附作用，能够捕捉光标，使光标只能处于交点上，从而使光标按指定的步距移动。

用户可以根据需要，将光标置于栅格按钮上方，单击鼠标右键后，选择"网格设置"，打开"捕捉和栅格"选项卡（图 2-3），通过勾选"启用捕捉""启用栅格"旁的复选框来设置是否需要捕捉栅格、是否需要显示栅格，以及调整栅格间距。

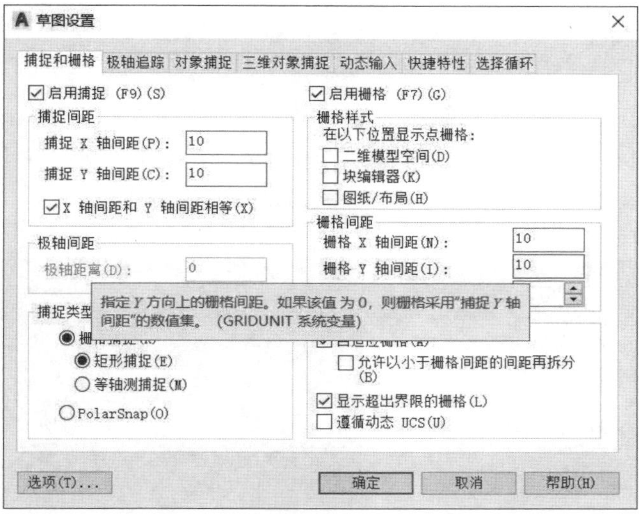

图 2-3 "捕捉和栅格"选项卡

2.3.2　正交

　　捕捉按钮旁边为正交按钮，单击后，光标将被限制在水平方向和垂直方向上移动，适用于绘制水平线、垂直线，或在水平方向、垂直方向上移动图形对象，以免倾斜。该操作还可通过输入"ORTHO"命令调用。

2.3.3　极轴追踪

　　使用极轴追踪功能时，光标可沿极轴及指定增量角度移动。单击极轴按钮右侧的小三角（图 2-4），即可出现需要追踪的增量角度，如打开 90° 极轴增量，光标每跨过 90°，光标附近都会出现提示，并显示追踪虚线，这一功能为用户提供了快捷的临时对齐路径。

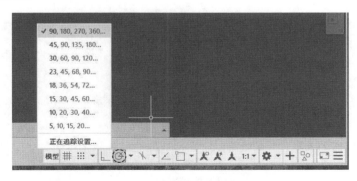

图 2-4　极轴追踪及角度增量选择

2.3.4 对象捕捉

利用对象捕捉功能，可在绘图过程中快速、准确地确定一些特殊点，如圆心、端点、中点、切点、交点、象限点等。单击对象捕捉右侧的小三角，即可出现需要快速捕捉的特殊点，再根据需要进行勾选（图 2-5）。

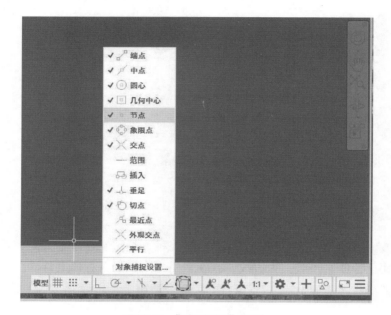

图 2-5 "对象捕捉"菜单

开启对象捕捉功能后，当靠近已勾选的特殊点时，特殊点处将出现捕捉标记，同时浮出特殊点标签，以便绘图者精准绘图（图 2-6）。

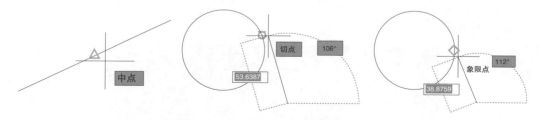

图 2-6 捕捉中点、切点、象限点

2.3.5 框选及交选

当需要对图形中某个或某些对象进行操作时，通常需要先选中这些对象，被选中的对象一般以蓝色线和夹点的形式显示。

选择对象的方式有以下 3 种。

（1）直接拾取：用鼠标左键逐一单击对象进行选择。

（2）框选：单击待选择对象的左上角及右下角，此时屏幕上会在两点之间出现蓝色矩形框，完全被矩形框包含的对象均会被选中，仅与框相交的对象不会被选中。

（3）交选：单击待选择对象的右下角及左上角，此时屏幕上会在两点之间出现绿色矩形框，所有被矩形框包含以及与矩形框相交的对象均会被选中。

2.3.6　查询

在绘图过程中，需要知道两点间距、面积等，可以通过查询功能实现。

在命令窗口输入"DIST"后，单击要查询的两点，光标旁边会浮现出两点距离。

在命令窗口输入"AREA"后，逐一单击需要查询面积的区域的端点，按回车键后，光标旁边会浮现出区域的面积及周长等数据。

2.4　二维图形绘制与编辑

绘图工具可以通过 3 种方式调用（图 2-7），方式一最为直观，是单击位于功能区绘图模块中的工具按钮；方式二是由菜单栏的【绘图】下拉菜单调用；方式三是直接在命令窗口输入相应的命令。

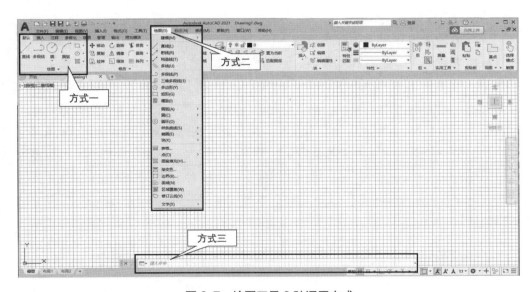

图 2-7　绘图工具 3 种调用方式

　　初学者多选择方式一，当光标停留在工具按钮上，光标附近就会自动浮现出执行该操作的命令语言及该工具的用法，以便初学者自学。

2.4.1　绝对坐标和相对坐标

　　在二维绘图过程中，需要对点的位置、线段角度、弧线及圆的圆心等进行定位。可以通过鼠标在屏幕上拾取任意点、利用对象捕捉功能捕捉特殊点，以及在键盘上输入点的坐标来定位。

　　当通过输入坐标来定位时，既可以采用绝对坐标，也可以采用相对坐标。在绝对坐标和相对坐标中，又包括直角坐标和极坐标。

　　（1）绝对坐标。

　　绝对坐标是指相对于坐标原点的坐标，其中的直角坐标和极坐标用法如下。

- 直角坐标：是用点的 X 轴、Y 轴坐标值来表示点的位置，坐标值之间用逗号隔开。如绘制一个点，其 X 轴坐标为 100，Y 轴坐标为 50，则在执行绘制点的命令后，输入"100,50"并按回车键（注意：数字之间的逗号，要在西文输入法状态下输入）。

- 极坐标：是用"距离＜角度"来表示点的位置，距离表示该点与坐标系原点之间的距离；角度表示坐标系原点与该点的连线与 X 轴正方向的夹角。如绘制一个点，其与原点距离为 100，坐标系原点与该点的连线相对于 X 轴正方向的夹角是 45°，则在执行绘制点的功能后，输入"100＜45"并按回车键确认。

　　（2）相对坐标。

　　相对坐标是指相对于前一个被输入的坐标点的坐标，使用相对坐标为绘图者的连续绘图提供了方便。在操作时，其输入格式与绝对坐标相同，区别在于，需要在输入的坐标前加"@"。如前一点的绝对坐标为"100,100"，第二点输入的是"200,-50"，则此时为绝对坐标，第二点绝对坐标位置就是"200,-50"；若第二点的输入是"@200,-50"，则此时为相对坐标，第二点所在绝对坐标位置为"300,50"。

　　在绘制一个图形时，通常需要多个绘图工具、修改工具配合使用，本书对多个简单图形绘制过程进行了讲解，配合视频演示，使读者迅速掌握绘图及修改工具的用法。下文每种示例均有多种绘制方法，本书仅演示了其中一种，读者可以多尝试不同的绘制途径。

2.4.2　确定两点画直线

　　绘制图 2-8 中直角三角形，用到的工具主要包括直线、正交、圆、删除、直线夹点及标注。绘制过程为画长度为 80 的水平线段→以线段左端点为起点，画任意长度、垂直的线段→以水平线段右端点为圆心画半径为 95 的辅助圆→沿交点修剪掉多余的线段→标注。

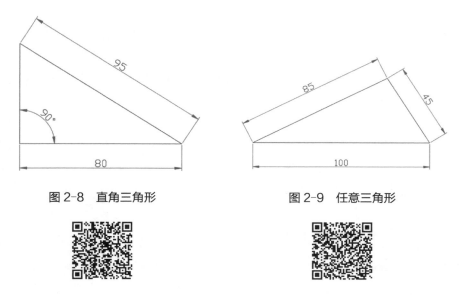

图 2-8　直角三角形　　　　　　图 2-9　任意三角形

具体操作如下。

- 用键盘输入 "LINE" 并按空格 / 回车键，或在功能区绘图模块单击 ⟋ 直线 按钮，此时命令窗口提示： ✕ 🔧 ⟋▾ **LINE** 指定第一个点： 。
- 在屏幕上的适当位置单击，任意拾取一点。
- 单击右下角的正交按钮，使其处于开启状态，这时光标与第一点间会出现连接线，且光标仅能在水平及垂直两个方向移动。
- 保持光标水平，在键盘上输入 "80" 连续按空格键，此时完成三角形底边绘制（按第一次空格表示确认第二点的位置，按第二次空格表示结束直线命令，如不按第二次空格，则可连续绘制直线。如前文所述，回车键和空格键的功能在多数情况下是一样的，因此，此处也可以连续按两次回车键，读者可根据自己绘图习惯选择回车键或空格键）。
- 按空格键，重复 LINE 命令绘制直线。
- 单击屏幕右下角的对象捕捉按钮 ⧉ ，使其处于开启状态，即可捕捉端点、中点、圆心、节点、切点等。
- 单击线段左端点后，垂直向上移动光标，用键盘输入某一长度数值，如 80，连续按回车 / 空格键，完成三角形垂直边的绘制。
- 添加辅助圆。用键盘输入 "CIRCLE" 并按空格 / 回车键，也可在功能区绘图模块单击 ⊙ 圆 按钮，此时命令窗口提示： ✕ 🔧 ⊙▾ **CIRCLE** 指定圆的圆心或 [三点(3P) 两点(2P) 切点、切点、半径(T)]： 。

- 将光标移到三角形底边的右端点处，光标会自动捕捉端点，单击鼠标，此时命令窗口提示，指定圆的半径或直径（D），以键盘输入"95"并按回车/空格键，完成辅助圆的绘制。
- 键盘输入"LINE"并按空格/回车键，移动光标并单击圆与垂线交点，以及三角形底边右端点，再按空格/回车键，完成三角形斜边的绘制。
- 单击辅助圆上任意一点，按 Delete 键或单击功能区修改模块中的 按钮删除辅助圆。
- 单击三角形中的垂直线段，线段上出现三个蓝色夹点（端点上的两个夹点，单击后可以拉长或缩短线段长度；中间的蓝色夹点，单击可以移动线段），此时，依次单击直角边上端点处的夹点及斜边与垂直边交点，完成线段的缩短，按 Esc 键退出。
- 单击功能区注释模块中的线性标注按钮 ⊢⊣ 线性 ▾，选择要标注线段的两个端点，完成底边的长度标注。
- 单击注释模块的线性标注按钮右侧小三角 ⊢⊣ 线性 ▾ 后点击对齐标注 ↖ 对齐，完成斜边标注；选择其中的角度标注 △ 角度，点击两个直角边，则其夹角浮出，在需要显示角度的位置单击，完成角度的标注。
- 图形绘制完成。

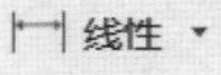

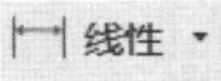

图 2-9 也可以通过添加辅助圆的方法进行绘制。

2.4.3　确定长度及角度画直线

图 2-10 是学习用长度及角度方式绘制图形的示例，用到的工具主要包括直线、正交、偏移、直线夹点、删除、修剪及标注等。

图 2-11 所示为用长度及角度方式绘制图形，具体的绘制过程为画长度为 80 的水平线段 1→以线段左端点为起点，画长度为 20、角度为 90° 的垂直线段 2→以线段 2 上端点为起点，绘制任意长度、角度为 15° 的线段 3→捕捉线段 1 的中心点，画辅助垂线 4，随后将垂线左右偏移，偏移距离分别为 15（线段 5、线段 6）及 25（线段 7、线段 8），绘出线段 5、6、7、8→绘制线段 9，与线段 3 相交→沿线段 3 与 9 的交点绘制自定义长度、角度为 165° 的线段 10→以线段 7 与 10 的交点为起点绘制自定义长度、角度为 15° 的线段 11→修剪多余线段→修改中线线型→标注。

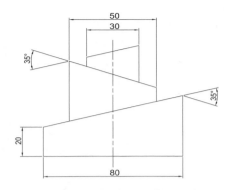

图 2-10　长度及角度绘制图形

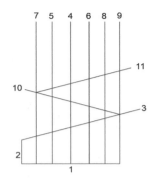

图 2-11　长度及角度绘制图形

具体操作如下。

- 保持正交及捕捉功能打开，用键盘输入"LINE"并按空格 / 回车键，在屏幕上拾取一点，将光标水平右移，以键盘输入"80"并按两次空格 / 回车键，画出线段 1。

- 按空格键，重复使用直线绘制功能，捕捉并单击线段 1 的左端点，随后将光标向上移动，以键盘输入"20"并按两次空格 / 回车键，画出线段 2。

- 按空格键，重复使用直线绘制功能，捕捉并单击线段 2 的上端点，以键盘输入"100＜15"并按两次空格 / 回车键，绘制出长度为 100、角度为 15° 的线段 3（其中 100 是自己设定的长度，15° 是图 2-10 中已知角度 30° 的一半）。

- 按空格键，重复使用直线绘制功能，捕捉并单击线段 1 的中心点，随后将光标向上移动，以键盘输入"120"并按两次空格 / 回车键，画出线段 4（其中 120 是自己设定的长度）。

- 用键盘输入偏移命令"OFFSET"并按空格 / 回车键或在修改模块单击偏移按钮 ⊆ ，光标变为十字形，同时光标旁的动态输入栏提示 ▭ 。键盘输入"15"并按空格 / 回车键，光标再次改变为小正方形，同时光标旁的动态提示内容变为 ▭ ，此时，单击线段 4，然后在线段 4 左侧单击一次，绘制出线段 5，重复单击线段 4 后，在线段 4 右侧单击一次，绘制出线段 6，按空格 / 回车结束命令。

- 按空格键重复使用偏移功能，输入偏移距离"25"并按空格 / 回车键，在线段 4 左右两侧偏移出线段 7 和线段 8。

- 按空格键重复使用偏移功能，输入偏移距离"40"并按空格 / 回车键，在线段 4 右侧偏移出线段 9，按空格 / 回车结束命令。

- 以线段 3 与线段 9 交点为端点绘制长度为 80、角度为 165° 的线段：按空格键重复直线命令，再输入"80＜165"并按两次空格 / 回车键，绘制出线段 10（165° 是直线 10 与 X 轴正向夹角，逆时针为正值，顺时针为负值，下文不再赘述）。

- 重复绘制直线命令，以线段 7 与线段 10 交点为端点绘制长度为 80、角度为 15° 的线段：按空格键重复直线命令，再输入"80＜15"并按两次空格 / 回车键，绘制出线段 11，此时主要线条都已绘制完成。

- 逐一单击线段，利用夹点功能，缩短线段到图 2-10 所示的位置。

- 利用线性标注及角度标注功能标注相应尺寸。

- 最后一步，是把中心线的实线改为点画线。单击功能区特性模块中的线性下拉菜单（图 2-12），选择"其他 ..."，随后在弹出的对话框中，单击加载按钮，弹出线型库（图 2-13），在其中找到点画线后，单击确定按钮，则选定的点画线即被加载到线型管理器中，关闭线型管理器；单击选择中心线 4，再次单击特性模块中的线性下拉菜单，则刚才的点画线已经显示在菜单中，选中后中心线被修改为点画线。

- 图形绘制完成。

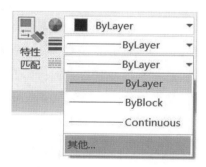

图 2-12　功能区特性模块

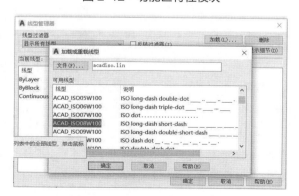

图 2-13　线型管理器及加载线型库

用长度及角度方式继续完成图 2-14，用偏移功能完成图 2-15。

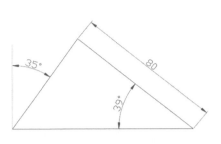

图 2-14　长度及角度练习

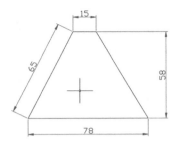

图 2-15　偏移功能练习

2.4.4　相切画圆

采用相切—相切—半径方式和相切—相切—相切方式绘制图 2-16 所示的圆。

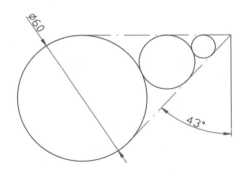

图 2-16　相切画圆

绘制过程为画图中的三条直线→以相切—相切—半径的方式绘制最大的圆→以相切—相切—相切的方式依次绘制两个小圆→修改线型→标注尺寸。

具体操作如下。

● 输入"LINE"并按空格 / 回车键执行命令，在屏幕上拾取一点，绘制水平及垂直线段。

- 按空格键，重复绘制直线命令，以上述线段交点为端点，绘制长度为 100、角度为 -133° 的直线，即输入 "100＜-133" 并按空格 / 回车键（100 为自己设定的线段长度值，-133° 为圆下切线角度）。

- 输入 "CIRCLE" 并按空格 / 回车键执行画圆命令，命令窗口显示如下：

⊙▾ **CIRCLE** 指定圆的圆心或 [三点(3P) 两点(2P) 切点、切点、半径(T)]：。

- 选择 "切点、切点、半径" 操作，输入该命令后字母的 "T" 并按空格 / 回车键，即可执行该命令，此时光标变为十字形，且浮现出提示 "指定对象与圆的第一个切点"，随后，依次单击与圆相切的两条直线，光标旁浮现下一步提示 "指定圆的半径"，以键盘输入 "30" 并按空格 / 回车键，即可绘制出大圆。

- 单击绘图模块的圆下拉菜单，选择 "相切—相切—相切"，绘制剩下两个圆，先依次单击两条切线及绘制好的大圆，完成中间圆的绘制。

- 再重复上一步操作，连续单击两条切线及中圆，完成小圆绘制。

- 更改切线线型为点画线。

- 点选线性标注下拉菜单中的 "直径标注"，标注大圆直径。

- 点选线性标注下拉菜单中的 "角度标注"，标注角度，绘制完成。

2.4.5 确定半径画圆

采用圆心—半径方式，绘制图 2-17 所示的图形。

绘制过程为绘制边长为 20 的正方形找到圆心→以圆心—半径方式画圆→修剪线段→标注尺寸。

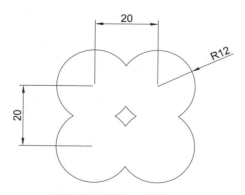

图 2-17 圆心—半径画圆

具体操作如下。

- 执行 LINE 命令，连续绘制长度为 20 的水平及垂直方向的线段，使其组成一个正方形，以正方形四个端点为四个圆的圆心。
- 执行 CIRCLE 命令，单击圆心位置后，键盘输入圆的半径"12"。
- 按空格键重复执行 CIRCLE 命令，依次完成四个圆的绘制。
- 框选四条辅助直线，按 Delete 键删除（框选操作详见本书第 2.3.5 节）。
- 单击功能区修改模块的修剪按钮 ✂ 修剪 或在命令窗口输入"TRIM"，调用修剪程序，光标变为小方点，同时浮现下一步提示"选择要修剪的对象"，此时当光标靠近被修剪的对象时，线条颜色会变浅，单击要修剪的对象即可删除相应线条，按空格 / 回车结束命令。
- 分别执行线性标注及半径标注命令，完成标注，图形绘制完成。

此外，AutoCAD 2021 还提供指定周长上的两点画圆、任意周长上三点画圆等功能，提示信息如下：

⊙▾ **CIRCLE** 指定圆的圆心或 [三点(3P) 两点(2P) 切点、切点、半径(T)]：。

可以根据图形绘制需要，输入相应提示信息括号中的内容执行画图命令。

2.4.6 画弧线

图 2-18 是练习弧线画法的示例，弧线具有方向性，由起点到端点逆时针画弧线输入角度为正值，顺时针画弧线输入角度为负值。

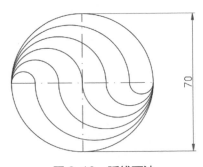

图 2-18 弧线画法

　　绘制过程为绘制长度为 70 的水平线段→将线段等分为 6 段→以线段两个端点为弧线的起点和端点，角度为 180° 画弧线，完成上半边弧线的绘制→将上半边弧线复制、旋转→标注尺寸。

　　具体操作如下。

- 执行 LINE 命令，绘制长度为 70 的水平线段。
- 单击功能区绘图模块绘图按钮右侧向下的小黑三角，打开绘图区下拉菜单，单击定数等分按钮（图 2-19），此时光标变为小方块，系统提示"选择要定数等分的对象"，在上述线段上单击任意一点，系统继续提示"输入线段数目"，以键盘输入"6"并按空格 / 回车键。

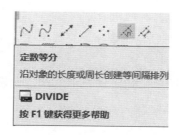

图 2-19　定数等分

- 单击菜单栏中的【格式】—【点样式】，弹出点样式窗口（图 2-20），选择任意图形后单击确定按钮，定数等分的点即显示为该图案，此图案打印出图可见；此时若要捕捉这些点，须开启捕捉中的捕捉节点功能。

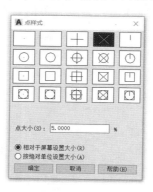

图 2-20　点样式

- 单击功能区绘图模块中圆弧按钮下面的小三角，打开下拉菜单，在其中选择"起点—端点—角度"，随后光标变为十字形，按照光标旁的提示，依次单击直线的右端点及左端点，并用键盘输入"180"，即可完成线段上方大半圆的绘制（圆弧绘制默认为逆时针画弧，因此先单击右端点，再单击左端点，为正向，输入角度为"180"；若先单击左端点，再单击右端点，为反方向画弧，则输入角度应为"−180"，用户可根据个人习惯自行选择起点和端点）。以此方式绘完上半部分图形。

● 画完上半部分图形时，单击功能区修改模块的复制按钮 ⏹️ 复制 或在命令窗口输入"COPY"并按空格 / 回车键，系统提示"选择复制对象"，用鼠标框选已绘制完成的图案后，按空格 / 回车键；随后系统提示"指定基点"（复制时的基点），单击选择最直线的左端点；系统提示"指定第二点"，此时需要确定所复制图形粘贴时的定位点，单击直线的右端点，按空格 / 回车键确认复制命令完成，此时，屏幕上出现两个相同的图形（图 2-21）。

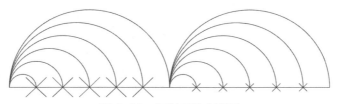

图 2-21　复制后的半圆弧

● 单击功能区修改模块中的旋转按钮 ↻ 旋转 或在命令窗口输入"ROTATE"并按空格 / 回车键，系统提示"选择对象"，此时以框选或交选的方式选择右侧待旋转的图形，按空格 / 回车键；系统提示"指定基点"（图形旋转时围绕的原点），单击选中右侧图形中直线的左端点，以键盘输入"−180"，按空格 / 回车键确认。删除辅助线及辅助点，绘制中心线，并将其线型设置为点画线，添加标注，图 2-18 绘制完成。

图 2-18 也可采用两点画圆修剪的方式完成。
图 2-22 采用将圆定数等分，三点画圆弧方式完成。

图 2-22　三点画圆弧练习

2.4.7 画椭圆

图 2-23 为学习椭圆绘制及旋转功能的练习。

绘制过程为根据已知长半轴及短半轴的长度绘制椭圆→逆时针旋转 30° →标注尺寸。

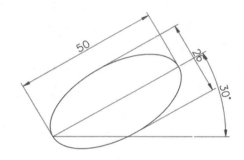

图 2-23 椭圆画法

具体操作如下。

- 单击功能区绘图模块中的椭圆按钮 ⊙▾，系统提示"指定椭圆的中心点"，在屏幕上任意拾取一点。
- 系统提示"指定轴的端点"，键入"25"（长半轴的长度），按空格 / 回车键，系统提示"指定另一条半轴的长度"，键入"13"（短半轴的长度），按空格 / 回车键。
- 单击功能区绘图模块中的旋转按钮 ↻ 旋转，光标变为小方框，系统提示"选择对象"，单击椭圆上任意一点，按空格 / 回车键，系统提示"指定基点"，单击椭圆左侧象限点，键入需要旋转的角度"30"，按空格 / 回车键。
- 用直线命令绘制椭圆的长轴和水平线。从左侧象限点开始，分别绘制轴线及水平线。
- 进行角度及长度标注，图形绘制完成。

2.4.8 多边形绘制及缩放

图 2-24 为学习外切 / 内接多边形绘制方法的练习，图形可以由内层三角形和圆向外层的正五边形绘制，也可以由外层五边形开始向内层三角形绘制，本例介绍

由内向外绘制的方法。

绘制过程为以圆心—半径法绘制任意给定半径的圆形→调用多边形绘制工具绘制圆形内接三角形→绘制圆的外切正方形→用圆心—半径法画圆→绘制圆的外切正五边形→利用缩放功能将五边形的肩线长度缩放为 75 →标注尺寸。

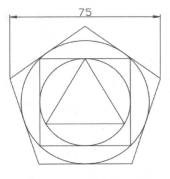

图 2-24 多边形的画法

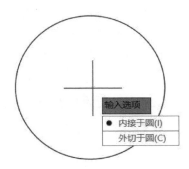

图 2-25 内接与外切功能

具体操作如下。

● 保持正交和捕捉功能打开，在屏幕上拾取一点绘制半径为 20 的圆形。

● 单击功能区绘图模块的矩形按钮右侧的小三角形 ⬜ ▾ 打开下拉菜单，单击选择多边形按钮 ⬠ ▾ 或在命令窗口输入"POLYGON"并按空格 / 回车键，系统提示"输入侧面数"，输入"3"，按空格 / 回车键。

● 系统提示"指定正多边形的中心点"，单击圆心点；系统提示"内接于圆或外切于圆"（图 2-25），单击选择"内接于圆"或以键盘输入"I"，按空格 / 回车键。

● 光标自动拖出等边三角形，单击圆形的象限点，即可完成内接三角形的绘制。

● 按空格，重复绘制多边形，输入侧面数（即边数）"4"，按空格 / 回车键确认；继续指定圆心位置为正方形的中心，按空格 / 回车键；在提示"内接于圆或外切于圆"时，单击选择"外切于圆"或以键盘输入"C"，再按空格 / 回车键；光标自动拖出正方形，单击圆形的象限点，即可完成外切正方形的绘制。

● 调用圆心—半径命令绘制正方形的外接圆。

- 调用多边形命令，输入侧面数"5"，单击圆心点选择"外切于圆"，点圆的象限点绘制出最外层正五边形。
- 单击功能区修改模块中的缩放按钮 ▢ 缩放 或以键盘输入缩放命令"SCALE"并按空格/回车键。
- 光标变为小方块，并提示"选择对象"，用框选或交选方式将图形全部选中，按空格/回车，系统提示"指定基点"（缩放过程围绕的中心点），单击圆心。
- 此时的图形随着鼠标的移动而放大缩小，命令窗口提示"复制（C）/参照（R）"（图2-26），输入"R"，按空格/回车键。
- 系统提示"指定参照长度"，此时用鼠标依次单击正五边形肩线上的两点（图2-24标注的位置），系统提示"指定新的长度"，输入"75"，按空格/回车键。
- 进行线性标注后，绘制完成。

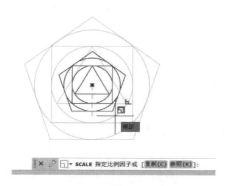

图 2-26　以参照方式进行缩放

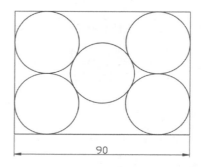

图 2-27　镜像和参照缩放功能练习

图 2-27 可以先绘制自定义尺寸的矩形，再以先相切方式画圆再镜像、修剪的方式完成图形的绘制，随后以矩形的边长为参照，将其长边缩放到 90，缩放时将图形进行整体缩放。

2.4.9　阵列

图 2-28 为学习阵列功能用法的练习，同时复习直线、偏移、曲线、定数等分、辅助线相切画圆、修剪等绘图工具的用法。常用的阵列包括环形阵列和矩形阵列。环形阵列是将选定的对象围绕指定的圆心进行多重复制，矩形阵列是将选定的对象

以矩形方式进行多重复制。

图 2-28 是由四组图 2-29 中的图形以不同角度组合在一起形成的，使用了 AutoCAD 2021 的环形阵列功能，其绘制过程为绘制直线并偏移→绘制半圆并偏移→执行环形阵列→标注尺寸。

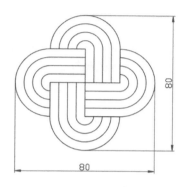

图 2-28　环形阵列的画法

图 2-29　单组阵列对象

具体操作如下。

- 保持正交及捕捉功能打开，执行绘制直线命令，绘制长度为 20 的线段。
- 执行偏移命令，偏移距离为 5；重复 4 次，将绘制完成 5 条平行线，按空格键结束偏移命令。
- 用圆心—起点—角度法画圆弧：以最下面一条线段的左端点为圆心，该线段上面一条线段的端点为起点，角度为 180° 画圆弧。
- 执行偏移命令，将圆弧进行偏移，偏移距离为 5；重复 3 次，完成单组阵列对象的绘制（图 2-29）。
- 单击功能区修改模块中的阵列按钮右侧小三角 田 阵列 ▾，打开下拉菜单单击"环形阵列"或直接在命令窗口输入"ARRAYPOLAR"并按空格 / 回车键。
- 光标变为小方块，同时提示"选择对象"，采用框选或交选的方式，将图 2-29 中的内容全部选中，按空格 / 回车确认；进一步提示"指定阵列中心点"即选择旋转围绕的圆点，单击最下面一条直线的右端点，随后提示：

ARRAYPOLAR 选择夹点以编辑阵列或 [关联(AS) 基点(B) 项目(I) 项目间角度(A) 填充角度(F) 行(ROW) 层(L) 旋转项目(ROT) 退出(X)] <退出>：。

其中，"项目（I）"用于设置执行阵列操作后所显示的对象的数目；"项目间角度（A）"用于设置环形阵列相邻两个对象之间的夹角；"填充角度（F）"是第一个对象和最后一个对象之间的角度。

在本图中，显示的对象数目为 4，因此，输入提示"项目（I）"括号中的字母"I"，按空格／回车键；出现提示"输入阵列中的项目数"，输入"4"，再按空格／回车键确认，最后按空格退出。

● 进行尺寸标注，完成图形绘制。

图 2-30 可以通过执行一次环形阵列、一次矩形阵列完成，也可以采用两次环形阵列获得，此处介绍通过环形阵列和绘制图形的方法。具体操作如下。

● 保持正交和捕捉功能打开。绘制线段并进行偏移后，利用环形阵列功能，绘制出图 2-31。

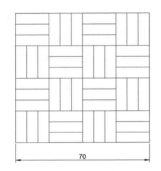 

图 2-30　偏移平行线矩形阵列　　　　图 2-31　单组阵列对象

● 执行矩形阵列功能，单击 ⊞ 阵列 ▾ 按钮或在命令窗口输入"ARRAYRECT"并按空格／回车键，此时提示"选择对象"，将阵列对象（图 2-31）选中后，按空格／回车键，出现提示：

⊞▾ ARRAYRECT 选择夹点以编辑阵列或 [关联(AS) 基点(B) 计数(COU) 间距(S) 列数(COL) 行数(R) 层数(L) 退出(X)] <退出>: 。

"计数（COU）"用于指定阵列的行数和列数，执行该命令，将进一步提示"输入列数及输入行数"。

"间距（S）"用于设置阵列的列间距和行间距，执行该命令，将进一步提示"指定列之间的距离""指定行之间的距离"。

除上述命令外，此时还可以执行列数、行数、层数等命令，直接设定矩形阵列的个数，用法见下列步骤。

● 输入"COL"按空格／回车键确认，后再输入"2"按空格／回车键，此时列
数为 2，系统进一步提示"指定列数之间的距离"，若间距已知，则直接输入
距离后按空格／回车键确认即可；本例中距离未知，因此，直接用光标在屏幕
上拾取阵列的间距，即拾取图 2-31 中图形的长度，按空格／回车键确认。

● 输入"R"，按空格／回车键确认，再输入"2"按空格／回车键，此时行数为
2，系统进一步提示"指定行数之间的距离"，同样用光标在屏幕上拾取图 2-31
的长度，连续按空格／回车键结束命令。

● 绘制图形的正方形边框，随后执行缩放功能，将正方形边长缩放为 70，标注
后完成绘制。

图 2-32 和图 2-33 主要利用环形阵列功能进行绘制，绘制过程中还用到了之前
学习的定数等分、相切画圆以及修剪功能。

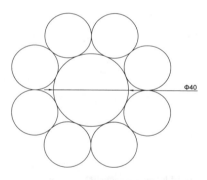

图 2-32 外切圆形环形阵列练习

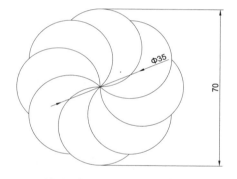

图 2-33 圆弧环形阵列练习

2.4.10 倒角、圆角、分解

图 2-34 为学习圆角及倒角画法的练习，这一练习同时复习了前文介绍的直线、
矩形、偏移、修剪等绘图工具的用法。

其绘制过程为按图中尺寸绘制图形→调用圆角命令将左下角变为圆角→调用倒
角功能，将右下角变为倒角→标注尺寸。

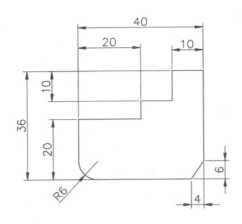

图 2-34　圆角和倒角

具体操作如下。

● 调用矩形功能，在屏幕上拾取一点，系统提示：

▭▾ RECTANG 指定另一个角点或 [面积(A) 尺寸(D) 旋转(R)]：。

本图已知矩形边长尺寸，输入"D"，绘制长度为 40、宽度为 36 的矩形，此时矩形的四条边是一个整体。

● 选中矩形后，单击功能区修改模块中的分解按钮 使用分解功能，此时矩形被分解为四条直线，可以逐一选中；分别对长边和短边进行偏移，修剪后，绘制出图 2-35 所示图形；以上步骤也可以调用直线功能，分段绘制。

● 将图 2-35 左下角修改为半径为 6 的圆角：单击功能区修改模块中的圆角按钮

圆角 ▾ 或在命令窗口输入"FILLET"并按空格 / 回车键确认，系统提示：

▾ FILLET 选择第一个对象或 [放弃(U) 多段线(P) 半径(R) 修剪(T) 多个(M)]：。

输入"R"，按空格 / 回车键确认，输入半径"6"，再按空格 / 回车键。

依次单击图 2-35 左下角的两个边，则该角被修剪为半径为 6 的圆角。

● 单击功能区修改模块中的圆角按钮右侧的小三角 圆角 ▾，打开下拉菜单，单击倒角按钮 倒角 ，系统提示：

▾ CHAMFER 选择第一条直线或 [放弃(U) 多段线(P) 距离(D) 角度(A) 修剪(T) 方式(E) 多个(M)]：。

本例已知图 2-34 右下角倒角距离分别为 4 和 6，因此，输入"D"，按空格 /
回车键。

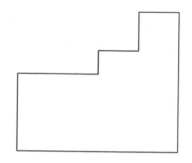

图 2-35　图形框架

- 系统提示"指定第一个倒角距离"，输入"4"，按空格 / 回车键。
- 系统提示"指定第二个倒角距离"，输入"6"，按空格 / 回车键。
- 随后依次单击图 2-35 右下角的底边和垂直边，对应上述输入的第一个倒角
  距离和第二个倒角距离，倒角修剪完成。
- 进行尺寸标注完成绘制。

利用圆角功能，练习绘制图 2-36。

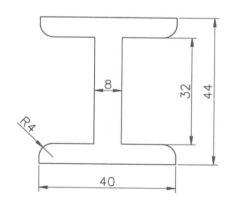

图 2-36　圆角功能练习

2.5　习题

（1）利用学到的绘图及修改工具，绘制图 2-37 中四个简单图形。

（2）图形绘制完成后，思考一下，除了自己的绘制方法，该图形还可以通过哪些方法完成绘制？与同学讨论一下。

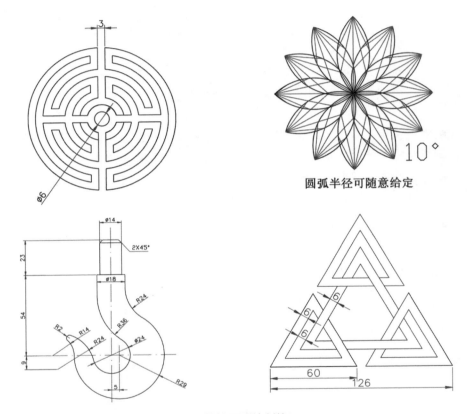

图 2-37　简单图形绘制练习

第 **2** 篇

环境工程设计基础及制图规范

第3章

环境工程设计基础

⌖ 本章小结

　　环境工程设计是绘图的前提，只有遵守设计原则，积累设计经验，打磨细节，才能充分考虑净化效率、投资运行成本、环境效益等因素。环境工程设计是对专业知识熟悉后的应用，是一个长期积累的过程。

　　环境工程设计运用工程技术和基础科学原理与方法，落实环境保护设施的建设，以设计文件、图纸的形式表达设计人员的设计思想，直到环境污染治理设施、设备建设完成，能够正常运行且达到环保要求，最终通过竣工验收。在这个过程中，设计图纸既是设计思想的载体，也是工程建设的重要依据。

3.1 环境工程设计基本知识

3.1.1 设计依据及设计对象

　　环境工程设计的主要依据为《建设项目环境保护管理条例》中"建设项目需要配套建设的环境保护设施，必须与主体工程同时设计、同时施工、同时投产使用"的规定。

　　环境工程设计对象是对环境有影响的建设项目，这类项目是指在建设过程中、建成投产后、生产运行阶段和服务期满后，可能给周围的大气、水、海洋、土地、矿藏、森林、野生生物、自然遗迹、人文遗迹、自然保护区、风景名胜区、居民生活区等环境要素带来变化的建设项目，这种变化大多对环境产生污染和破坏，冶金、化工、造纸、制药类工业区的建设运行就会持续产生废水、废气、废渣等污染物。

环境工程设计的目的就是针对这些行业的典型污染物设计净化工艺流程，具体工作包括构筑物 / 建筑物尺寸计算、配套设备选型、平面与高程布置、投资评估分析等，还要形成设计说明书并绘成图纸，建设方以此为基础完成后续的施工建设，对工业区产生的污染物进行有效的处理处置，消除对周围环境的影响。

3.1.2 环境工程设计原则

环境工程设计作为工程设计中的一种，应遵循技术先进、安全可靠、质量第一、经济合理等通用原则，除此之外，环境工程设计过程中还应注意以下事项。

（1）遵守国家相关法律法规，合理开发和充分利用各种自然资源，严格控制环境污染，保护和改善生态环境。

（2）遵守污染物排放的国家标准、地方标准及行业标准；在实施重点污染物排放总量控制的区域，符合重点污染物排放总量控制的要求。

（3）尽量采用能耗少、物耗少、二次污染物产生量少的净化处理工艺。

3.1.3 环境工程设计特点

环境工程设计不仅要解决环境污染问题，还要达到保护和合理利用自然资源、探讨和开发废弃物的资源化利用技术、改革生产工艺、发展无害或少害的闭路清洁生产系统等目的，力求实现社会效益、经济效益和环境效益的统一。环境工程设计的特点主要有以下几个。

（1）交叉性、复杂性和多样性。环境工程设计涉及环境科学与工程、给排水工程、通风热力工程、建筑环境与设备工程、化学工艺与工程、能源工程、土木工程、工程造价等，是涉及多学科多专业的综合性设计。

（2）创新性。随着社会的发展和人们生活水平的提高，对环境工程设计的要求逐渐提高，这就要求设计过程中不断应用新的技术成果，综合应用多门类知识，实现环境保护与经济社会可持续发展的目标。

（3）经济性。环境工程设计应该达成环境效益、经济效益和社会效益的统一。经济性是衡量环境工程设计方案优劣的重要指标之一，同等治理水平，优先考虑投资建设成本和运行成本低、维护管理简单的方案。

3.1.4 环境工程设计的内容及用途

环境工程设计内容一般包括大气污染防治、水污染防治、固体废物处置、噪声与振动等物理性污染防治、生态环境保护设施设计、节约资源和资源回收利用设施设计、环境监测设施设计等。

环境工程设计贯穿于整个建设项目的全过程。在项目建设前期（项目批准立项、可行性研究、环境影响评价、编制设计任务书）、工程设计施工阶段和工程后期（处理设备试运行、测试、工程总结）都必须有环境工程设计人员参与。环境工程设计及图纸绘制一般可分方案设计、初步设计、施工图设计 3 个阶段，以污水处理厂 / 站工程为例，具体设计及图纸绘制内容如下。

（1）方案设计阶段工作内容包括污 / 废水处理程度和规模的确定、厂址选择、废水及污泥处理工艺选择、总平面布置、工艺流程确定、处理构筑物等。其目的在于论证设计方案的可行性，关键在于证明方案的合理性及可靠性。设计方案确定后，进行初步设计。

（2）初步设计是在方案设计的基础上进行的深化设计。在没有最终定稿之前的设计都被称为初步设计，初步设计文件不仅应满足编制施工图等设计文件的需要，还应满足初步设计审批的要求。

（3）施工图设计是环境工程设计的最后阶段。它的主要任务是满足施工要求，即在方案设计和初步设计的基础上，综合考虑建筑、结构、设备各工种，各工种相互交底，深入了解材料供应、施工技术、应用设备等条件，把对工程施工的各项具体要求反映在图纸上，做到整套图纸齐全、准确无误。

在工程项目管理过程中（图 3-1），工程所处的阶段不同，设计图纸所承载的功能不同，图纸绘制的侧重点也各不相同。

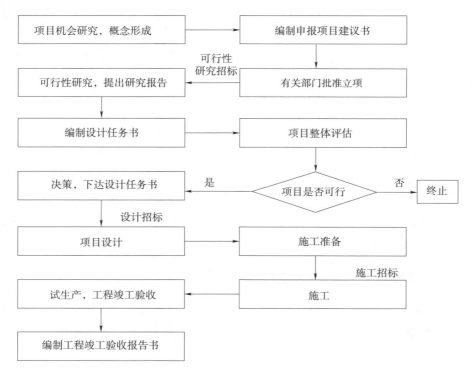

图 3-1　工程项目管理程序

（1）方案编制阶段图纸。

方案编制阶段图纸的设计工作是一种具有预见性的工作，要预见拟建构筑物 /
建筑物的设置及可能发生的各种问题。这种预见会随着设计工作的推进而逐步清
晰、逐步深化。方案设计阶段的图纸，通常能够帮助建设者进一步开展项目的可行
性研究，如明确某些地形条件或某些建设条件是否可行等。

方案编制阶段图纸关系到项目立项审批、工程招投标等工作的开展。

项目立项审批：项目立项审批工作作为政府规定的强制性工作，关系到项目是
否合法。而建设单位从办理项目立项或开始初步设计到得到相关部门下发的施工许
可证期间的一系列工作的所有环节都以图纸作为依据。例如，在建筑项目规划审
查、消防部门审查、人防部门审查、编制环境评估报告、编制交通组织分析报告、
安全生产监管委托、质量监督委托等工作中，图纸都作为要件存在。

工程招投标：在工程招投标过程中，技术标中的图纸主要用于表述项目的结
构、内容、施工难度等，是投标单位提供的技术标的编制依据。商务标中的图纸所
表述的内容是编制工程概预算的主要依据。没有相应的图纸，便无法编制工程概预
算，也就无法保证商务标的完整性。

（2）施工阶段图纸。

环境工程施工阶段图纸（简称施工图纸）是保障方案能落地实施的重要建设蓝
图。施工图纸包括建筑施工图、结构施工图及设备施工图。其中建筑施工图主要包
括环境工程构筑物 / 建筑物总平面图、立面图、剖面图等。结构施工图主要体现构
筑物 / 建筑物承重结构的布置，构件类型、数量、大小及施工方法等，它包括结构
布置图和构件详图。设备施工图展示了各种设备、管道和线路的布置、安装施工要
求等。设备施工图又分为给水排水施工图、供暖施工图、通风与空调施工图、电气
施工图、弱电施工图等。设备施工图一般包括平面布置图、系统图和详图。

开工前，建设单位必须到建设主管部门进行施工图纸审查。施工图纸审查是施
工图设计文件审查的简称，是指建设主管部门指定的施工图纸审查机构按照有关法
律法规，对施工图纸涉及的公共利益、公众安全和工程建设强制性标准等内容进行
的审查。

作为施工依据，施工图纸在施工前必须经过参建单位的会审。通过会审可以使
各参建单位特别是施工单位熟悉设计图纸、领会设计意图、掌握工程特点及难点，
找出需要解决的技术难题并拟定解决方案，从而将设计缺陷造成的问题消灭在施工
之前，对控制项目的成本、进度、质量起着重要的作用。

施工图纸也是进行施工预算的主要依据。施工预算是施工单位根据施工图纸，
施工定额，施工及验收规范，标准图集，施工组织设计（或施工方案）编制的单位
工程（或分部分项工程）施工所需的人工、材料和施工机械台班数量，是施工企业

内部文件。建筑企业以单位工程为对象编制的人工、材料、机械台班耗用量及其费用总额，即单位工程计划成本。施工预算是企业进行劳动调配、物资技术供应，控制成本开支，进行成本分析和班组经济核算的依据。它反映了企业个别劳动量与社会平均劳动量之间的差别。没有图纸作为支撑，则无法进行对应的预算编制。

（3）竣工图纸。

竣工图纸是在竣工的时候由施工单位按照施工实际情况绘制的图纸。因为在施工过程中难免有修改，为了让客户（建设单位或者使用者）比较清晰地了解管道的实际走向和设备的实际安装情况，国家规定在工程竣工之后施工单位必须提交竣工图纸。

对于项目建设方来说，竣工图纸直接影响项目能否正常竣工验收，以及后期能否办理产权所有证明，进行公司资产注册、变更。

项目投入使用后，对于使用者来说，如果使用过程中建筑物本身出现问题、发生改变，或设备发生变化，如设备发生故障，电力、水资源供应出现问题，临时增加设施，后期装修改造等，图纸就会起到很重要的作用。建筑投入使用后办理各项经营手续，甚至周边市政改造都有可能再次用到竣工图纸。

对于施工单位而言，竣工图纸是竣工结算的根本依据，竣工结算直接关系着企业能够获得的利润，同时竣工图纸也是解决工程在施工过程中发生纠纷的主要依据。

环境工程的方案设计及初步设计主要由环境工程领域专业设计人员完成，而施工图纸一般是在初步设计图纸的基础上，由结构工程、土木工程等专业的技术人员共同完成。因此，在本书后续关于图纸绘制的章节中主要以初步设计图纸为例，讲解污染处理过程中环境工程图纸的绘制方法。

3.2 厂址选择

选择厂址是进行环境工程建设项目可行性研究和设计的前提，只有确定了项目的具体地点，才能较为准确地估算出项目建设时的基建投资和后续运行成本，才能对项目的经济效益、环境效益及社会效益进行分析和计算，确定项目是否可行。

对企业生产过程产生的废水、废气、固体废物等污染物进行控制的工程设施，通常设在厂区内，靠近污染源头或污染物收集点选址建设。对于城镇集中式污染治理工程，如城镇污水处理厂、垃圾焚烧场、垃圾填埋场等，其厂址选择一般分为建设地点选择和具体地址选择两个阶段，建设地点选择称为选点，具体地址选择称为定址。

选点是在一个相当大的地域范围内，根据项目的特点和要求，经过系统、全面的调查和深入的了解，提出若干可供选择的地点，供对比选择。定址是在选点的基础上，进一步深入细致地调查，从若干可选的地点中，提出几个可供选择的具体地址，以便最后决策定点。

3.2.1　城镇污水处理厂选址

在城镇污水处理系统中，污水处理厂厂址的选定与城市的总体规划，城市排水系统的走向、布置以及处理后污水的排出线路都密切相关。污水处理厂厂址的选择一般遵循下列原则。

（1）符合城市总体规划要求，尽可能位于规划建成区以外。

（2）尽可能位于城市集中饮用水水源地下游。

（3）与选定的工艺相适应，有足够的可用地面积，便于污水处理厂扩建。

（4）污水处理厂应设在地势较低、地质条件较好处，便于污水自流入厂内，沿途尽量减少提升泵站的设置以减少污水提升，不应设在雨季易遭受洪涝灾害的低洼处，以免受到洪水威胁。

（5）厂址地形应较为平坦，有适当的坡度，减少场地平整工程量。

（6）尽量位于城市夏季主导风向的下风向；与城镇、居民生活区有适当的卫生防护距离。

（7）有较好的对外交通条件，便于污泥的运输和处置。

（8）厂址选择必须征得土地权属单位、自然资源及生态环境等部门的同意，这也是厂址选择的先决条件。

3.2.2　农村污水处理设施选址

农村居民居住相对分散，人口规模相对较小，其污水处理设施选址主要应注意夏季主风向的影响，尾水不得排入饮用水水源地保护区内，同时还要考虑与周边建筑的卫生防护距离等问题，具体原则如下。

（1）应尽量依靠地形坡度和重力流收集污水，注重村落中的污水管道走向、污水分布等，节约污水收集输送费用。

（2）农村污水处理要考虑污水处理后排水的去向，根据我国法律，集中式饮用水水源地保护区及准保护区内禁止新建排污口，因此污水处理厂选址不应影响水源地水质安全。

（3）尽量将尾水进行再生利用，如灌溉农田等。可以选择距离农业灌溉用水库、池塘较近的地方，处理后的水可以就地储存，便于农田灌溉。

（4）节约用地，尽可能利用村中低洼边角地，尽量不占用基本农田。

（5）尽可能建在村庄夏季主风向的下风向，同时与村庄间保持一定的卫生防护距离，以减少对村庄居住环境的影响。参考相关学者对国内外污水处理厂臭气浓度的实测数据，污水处理产生的臭气浓度随扩散距离的增加而减少，100 m 外其影响明显减弱，距恶臭源 300 m 处基本无影响。因此，选址要综合考虑卫生防护距离，距离过近会影响居民生产生活，距离过远则会增加管网投资。

3.2.3 生活垃圾填埋场/垃圾焚烧发电厂选址

生活垃圾填埋场的选址主要从社会、环境、工程和经济等几个方面考虑。

（1）生活垃圾填埋场的选址应符合区域性环境规划、环境卫生设施建设规划和当地的城市规划。

（2）生活垃圾填埋场选址应与当地在大气防护、水土资源保护、自然保护及生态平衡方面的要求相一致，不应选在城市工农业发展规划区、农业保护区、自然保护区、风景名胜区、文物（考古）保护区、生活饮用水水源保护区、供水远景规划区、矿产资源储备区、军事要地、国家保密地区和其他需要特别保护的区域内。

（3）生活垃圾填埋场应位于地下水水位较深的地区、环境保护目标区域地下水流向的下游地区及保护目标夏季主导风向的下风向，选址的标高应位于重现期不少于 50 年的洪水水位之上。

（4）生活垃圾填埋场应选择地质情况较为稳定、取土方便的区域，同时避开下列区域：破坏性地震及活动构造区，活动中的坍塌、滑坡和隆起地带，活动中的断裂带，石灰岩溶洞发育带，废弃矿区的活动塌陷区，活动沙丘区，海啸及涌浪影响区，湿地，尚未稳定的冲积扇和冲沟地区，泥炭，以及其他可能危及填埋场安全的区域。

（5）生活垃圾填埋场选址优先考虑人口密度较低、土地利用价值较低及征地费用较低的区域，且应交通方便、运距合理。

（6）必须有充分的填埋容量和较长的使用年限，使用年限不应小于 10 年。

（7）选址应符合环境影响评价的相关要求。

近年来，随着我国垃圾焚烧发电技术的成熟，垃圾焚烧发电项目数量日益增加。垃圾焚烧发电类项目在进行厂址选择时，除国家及地方性法规、标准、政策禁止污染类项目建设的区域外，大中城市建成区和城市规划区、城镇或大的集中居民区主导风向的上风向，以及可能造成敏感区环境保护目标不能达到相应标准要求的区域一般也不得新建垃圾焚烧发电类项目。

由于垃圾焚烧发电会产生灰渣等固体废物，因此垃圾焚烧发电项目可选在已有的垃圾填埋场周边，以便进行焚烧灰渣的填埋处置。

3.3　工艺流程设计

工艺流程设计是环境工程设计中最重要的一个环节，贯穿设计过程的始终。设备的选型、参数的计算、设备的布置等都与工艺流程的选择有直接的关系，只有在工艺流程确定后，才能开展设计计算及图形绘制工作。环境污染治理的工艺流程设计是否合理，直接影响污染治理效果的好坏、操作管理的方便与否、投资成本的大小、运行费用的高低、处理过程中的副产物及处理后的物料是否可以回收利用，甚至会影响生产能否正常进行。

3.3.1　工艺流程确定的原则

在实际操作中，需要处理的污染物千差万别，相应地，处理方式和方法也是有差异的。工艺流程的选择是决定设计质量的关键，必须认真对待。在进行工艺流程设计时，首先要选择工艺，如果某种污染物仅有一种处理方法，也就无须选择；但一般而言，对于常规污染物，通常有多种处理方法，如物理法、化学法、微生物法等，即使是同一种方法，也包括多种处理工艺，如城市污水处理过程中的微生物法，就包括氧化沟工艺、AAO 工艺、CASS 工艺等。因此，选择工艺流程的过程中应结合项目实际情况，对可选工艺逐个进行分析比较，从处理效果、经济成本、运行管理等多方面进行论证，筛选出一种最佳的处理工艺。

在进行工艺流程的论证比较时，应注意考虑如下基本原则。

（1）合法性。

合法性是指环境工程设计必须遵守国家有关环境保护的法律法规。

（2）先进性。

先进性主要是指技术上的先进和经济上的合理可行。应尽量选择处理能耗小、效率高、管理方便，以及处理后的产物能直接利用的处理工艺流程。为适应排放标准逐步提高的趋势，还要考虑选择有一定前瞻性的工艺路线。

（3）可靠性。

环境工程设计中可以选择的技术包括成熟技术、成熟技术基础上延伸的技术、不成熟技术和新技术。可靠性是指所选择的处理工艺流程是否成熟可靠。应避免采用不成熟技术；慎重对待尚在试验阶段的新技术、新工艺和新设备，必须坚持一切经过试验的原则。

在实际工程中，要处理的污染物种类很多，对于没有相关工程案例的新型污染物，应慎重考虑处理工艺，可通过类比选择，必要时需要进行试验确定工艺的适用性。

（4）安全性。

对有毒的污染物而言，选择处理工艺流程时要特别谨慎，应防止污染物中的毒性散发，要有合理的补救措施，同时还要考虑劳动保护和消防的要求。

（5）符合实际情况。

目前，我国不同地区经济水平、制造能力、自动化水平、环境保护意识和管理水平等不均衡，在选择污染物处理工艺流程时，就要考虑当地政府/企业的承受能力、管理水平和操作水平等的具体情况，选择适合当地经济管理水平的工艺流程。

（6）经济性。

环境工程项目无论是新建还是改建，都要从经济学的角度考虑建设方能否承受，要看项目总投资和项目建成后运转的费用。从技术的角度来说，世界上任何污染物都能被处理，只不过在经济上不一定能被接受。因此，环境工程项目是否成功与其经济性直接相关。在设计的工艺流程能达到排放标准和要求时，应尽量简化流程，节约投资及运行成本。

上述 6 项原则必须在选择处理工艺流程时全面衡量、综合考虑。最终选择的污染物处理工艺流程，应保证污染物处理效果好、能耗低、费用少、运行管理及维修方便、符合国情、切实可行。

3.3.2　工艺流程的选择

选择处理工艺流程时一般要经过 4 个阶段。

（1）第一阶段：收集资料，调查研究。

根据要处理的污染物种类、数量和规模，有计划、有目的地收集国内外同类污染物处理的有关资料，包括处理技术路线的特点、工艺参数、运行费用、材料消耗、处理效果，以及各种工艺的发展情况等经济、技术资料，资料主要包括以下几类。

- 要处理的污染物的种类、数量、规模、物理性质、化学性质和其他特性。
- 国内外处理该污染物的工艺流程。
- 试验研究报告。
- 处理技术先进与否、自动化程度的高低及污染物的监测方法。
- 所需要的设备的供应、运输和安装情况。
- 处理项目建设的投资、运行费用及占地面积。
- 水、电和燃料的用量及供应情况，主要基建材料的用量及供应情况。
- 厂址、水文、地质、气象等资料。
- 拟建项目的位置、环境和周边的情况。

（2）第二阶段：设备、设施及仪器等情况。

将各工艺涉及的设备、设施及仪器分为国内已有的定型产品、需要进口的产品及国内需要重新设计的产品 3 类，并对设计和制造单位的技术能力进行了解。

（3）第三阶段：全面比较。

比较待处理污染物的各种处理工艺流程在国内外的应用情况及发展趋势；各种工艺的处理效果、处理量和处理规模；处理时材料和能源消耗量，以及工程项目的总投资和运行费用。

（4）第四阶段：工艺路线的确定。

综合各种处理方法的优点，减少缺陷，最终选出最佳的污染物处理工艺流程。

3.3.3 工艺流程的设计要点

（1）污染物处理后必须达到排放标准。

在设计之前，设计者要收集当地政府及生态环境部门所规定和使用的标准并将其作为设计的依据，这些也是处理工程项目完成后的最终验收标准。

一方面，要注意改建项目与新建项目在排放标准上的差异。另一方面，还要注意排放标准中不仅有相对排放浓度（单位体积污染物的质量），还有绝对排放浓度（单位时间内排放污染物的质量，单位为 kg/h 或 t/d），绝对排放浓度也是控制污染物排放的重要指标之一。设计过程中往往仅注意了相对排放浓度，而忽略了绝对排放浓度。

（2）要充分回收利用有价值的物质及能量。

在生产过程中排放的污染物有些是具有回收价值的，在处理时要充分考虑这些污染物的回收利用，尽量做到直接利用或收集有价值的污染物，同时还要考虑"以废治废"。设计中要考虑节能的问题，尽量选择低能耗处理工艺和设备，同时还要充分利用和回收处理过程中产生的能量。

在选择某些需水的处理工艺时，要尽量选择用水量少且能实现水的循环利用的，以达到节水的目的。在进行流程设计时，要注意实际场地的高差，特别是废水处理工艺流程的布置要充分考虑和利用地势，减少水头的消耗。

（3）防止二次污染或污染转移。

要尽量采用成熟的、先进的、高效的处理技术，避免和抑制污染物的无组织排放，如设计专用的回收设备，处理采样、溢流、事故、检修排出的污染物等。如果在设计工艺流程时考虑不周，就可能产生二次污染或造成污染物的转移。

（4）工艺流程设计具备灵活性。

连续生产过程中产生的污染物的量较大时，宜采用连续的污染处理工艺。而若生产规模较小、产生的污染不是连续的，且要处理的量较小时，可采用间歇式污染处理工艺。如果废水浓度较高，则需要应用多级处理才能达到排放标准；同时有高浓度废水和低浓度废水排放时，要分别进行处理；为节约用地，通常选择占地较小的污染处理工艺。

（5）应考虑工艺流程的抗冲击能力和设备的配套及标准化。

设计应选择合理的系数，设计的处理规模一般略大于实际处理量，以保证处理系统具有一定的抗冲击能力。所选设备的处理能力应与实际处理量相符；易损和易坏的部件准备双份，以便随时替换，保证系统正常运行；通用配件尽量使用标准件，如选择法兰的螺丝时尽量选择与整个系统一致的。

（6）确定公用工程的配套措施。

处理工艺流程中所用的水（包括吸收水、冷却水、溶剂用水和洗涤用水）、蒸汽、压缩空气、氮气、氧气，以及冷冻设备、真空设备都是工艺流程设计中要考虑的，此外在设备用电、上下水、空调、采暖通风方面也应与相关人员密切配合。

（7）确定运行条件和控制方案。

一套完善的处理工艺设计除了要设计工艺流程，还应把建成后运行时的操作条件确定下来，这也是设计的内容之一。如确定整个系统中各单元设备运行时的温度、压力、电压、电流等，还要提出控制方案（与仪表自动化控制专业人员密切配合）以保证处理系统能按照设计正常运行。

（8）操作检修方便，运行可靠。

根据目前的管理水平，进行工艺流程设计时要考虑操作和检修的便捷性、人工操作位的设置等问题，如合理设置阀门和仪表的位置等，保证系统运行的持久性及稳定性。

（9）保温、防腐设计。

根据污染物的特性和选定设备的特性确定是否需要对设备、构筑物和管道进行保温和防腐处理，或采取相应的措施。

（10）制定切实可靠的安全措施及应急预案。

在工艺流程设计时要考虑处理系统的启停、长期运行和检修过程中可能存在的各种不安全因素，根据污染物的性质制定合理的防范措施及应急预案，避免意外的发生。如采用电除尘器或布袋除尘器处理爆炸性粉尘，就应在系统中加入防爆阀门。

3.4 思考

思考市政污染治理工程与工矿企业污染治理工程设计原则有哪些异同。

第 **4** 章
制图规范与制图标准

🎯 本章小结

（1）介绍了环境工程制图过程可能用到的标准及规范。

（2）介绍了国家标准中关于图纸幅面、图框格式及各种比例的规定。

（3）介绍了 CAD 绘图过程中用到的各种比例的概念和选择方法，以及如何正确选择图纸幅面、设置相应的字体样式、选择字号等内容。

（4）介绍了图线的绘制方法、尺寸的标注样式及组成。

环境工程设计中构筑物/建筑物的形状、尺寸和施工方法涉及内容众多，信息量巨大，无法用语言或文字表达清楚，必须按照一个统一的规定画出它们的图样。制图是表达设计师构思的手段，也是施工、交流的依据。因此，工程图样被喻为工程界的"语言"，是工程技术部门的一种重要的技术文件。

为了使图纸的表达方法和形式规范统一，提高绘图、识图效率，满足设计、施工、生产、存档和各种出版物出版的要求，国家市场监督管理总局颁布了一系列关于制图的标准文件。

4.1　国家制图标准

国家标准，简称国标，以"GB"表示，而"GB/T"表示推荐使用的国家标准，"GB/T"后的数字是此项国标的代号，"—"后面的数字表示标准制定的时间。在正式开始环境工程制图前，应首先掌握国家相关制图标准中规定的图样画法。

环境工程到目前为止还没有出台专门的制图标准，这是因为环境工程是一门交叉学科，涉及的专业较多。如污水处理厂的设计制图涉及土建、管道等内容，在制图时一般参考建筑制图标准和给水排水制图标准。而大气污染控制工程则主要涉及设备、管道，在制图时参考机械制图标准更为合适。

CAD 制图的基本要求包括对图纸、图框、比例、线型、字体、标注等的要求，这些需要在正式绘图前确定，主要参考国家标准如下。

《CAD 工程制图规则》　　　　GB/T 18229—2000

《房屋建筑制图统一标准》　　GB/T 50001—2017

《总图制图标准》　　　　　　GB/T 50103—2010

《建筑制图标准》　　　　　　GB/T 50104—2010

《建筑结构制图标准》　　　　GB/T 50105—2010

《给水排水制图标准》　　　　GB/T 50106—2010

4.2　图纸幅面

一般来说，图纸幅面的基本尺寸有五种，代号分别为 A0、A1、A2、A3、A4，各幅面尺寸图纸图框形式如图 4-1 所示。在图纸幅面的基本尺寸中，A0 幅面为 1 m²，长边是短边的 $\sqrt{2}$ 倍，因此，A0 图纸长边 L=1 189 mm、短边 B=841 mm。A1 图纸的面积是 A0 的一半，A2 图纸的面积是 A1 的一半，以此类推（图 4-2）。必要时也可加长幅面，为方便折叠，通常将长边加长，加长时应按基本幅面的短边的整数倍增加。

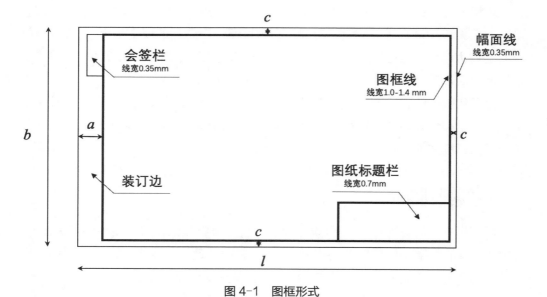

图 4-1　图框形式

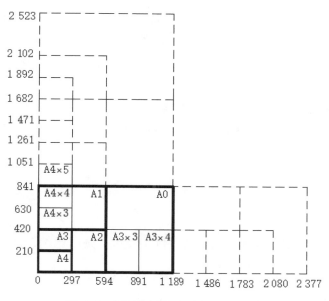

图 4-2　图纸幅面组成（单位：mm）

4.3　标题栏与会签栏

　　图纸上一般包括幅面线、图框线、会签栏和图纸标题栏等要素，其位置可参考图 4-1，对各要素绘制尺寸及线宽的规定见表 4-1。图纸幅面不同，图框绘制尺寸也不同，如绘制 A2 图纸时，幅面线与图框线的间距 c 为 10 mm；绘制 A3 图纸时，c 为 5 mm。

　　在 A0 及 A1 图纸中，图框线线宽为 1.4 mm；在 A2、A3 及 A4 图纸中，图框线线宽为 1.0 mm。所有图纸中标题栏外框线线宽均为 0.7 mm，标题栏分隔线、会签栏线宽为标题栏外框线线宽度的一半，即 0.35 mm。

表 4-1　基本幅面尺寸

单位：mm

幅面代号		A0	A1	A2	A3	A4
尺寸 $b×l$		$841×1\,189$	$594×841$	$420×594$	$297×420$	$210×297$
边框	a	25				
	c	10			5	
	e	20		10		
线宽	图框线	1.4		1.0		
	标题栏	0.7				
	其余线	0.35				

标题栏中应写明工程名称、图纸的名称与专业类别、设计单位名称、图号、比例，并留有设计人、绘图人、审核人的签名栏和日期栏等。标题栏的尺寸一般为 56 mm×180 mm，制图作业图幅较小时，可以设置为 40（30、50）mm×180 mm。

会签栏是各工种负责人签字用的表格，不需要签字的图纸也可以不设会签栏。会签栏尺寸一般为 20 mm×75 mm，栏中行列的分割尺寸，一般字高方向为 5 mm，字宽方向为 25 mm。

4.4 比例

环境工程 CAD 制图过程中用到的比例主要包括画图比例、打印比例、视口比例和图纸比例。

4.4.1 画图比例

画图比例是 CAD 中绘制图形尺寸与实际尺寸之间的比例。如果在 CAD 中按照 1∶1 的比例绘图，由于 CAD 默认绘图尺寸单位是 mm，绘制一条实际长度为 100 mm 的线段就要在计算机中画长 100 的线段；但如果在 CAD 中按照 1∶10 的比例制图，则绘制实际尺寸 100 mm 的线段就要在计算机上画长为 10 的线段。

由于 CAD 最后打印时可以在布局空间设置整体比例大小，所以，画图时应尽量采用 1∶1（原值比例）作为画图比例。如果实在需要改变画图比例，为了方便计算，一般会选择 1∶10、1∶100 这些画图比例制图（缩放比例为 10 的倍数），如果选择 1∶25、1∶125 等比例会因为换算的不便捷增加绘图时的工作量。总之，推荐采用 1∶1 的画图比例制图。

4.4.2 打印比例

打印比例是绘制好的 CAD 图形打印输出到纸张上时的缩放比例。如将 CAD 绘图空间中画好的一个长度为 42 000 mm，宽度为 29 700 mm 的矩形图框打印到 A3 图纸上，A3 图纸的实际尺寸为 420 mm×297 mm，此时打印完成后，A3 图纸上矩形的尺寸缩小到 CAD 中实际绘制的尺寸的 1/100，则打印比例也就是 1∶100。

一般来说，打印比例（图 4-3）通常设置为 1∶1，因为画图过程中，通常已在布局空间通过视口功能将图形按输出的图纸大小设置了比例，即视口比例。

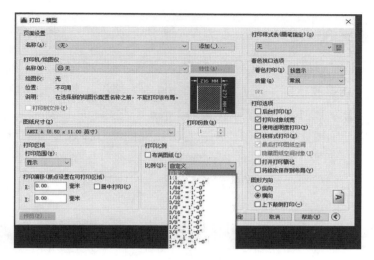

图 4-3 打印比例设置

4.4.3 视口比例

对于初学者而言，建议在模型空间按 1∶1 比例画图，在布局空间设置好需要打印的图纸图幅，绘制或插入图框，然后在图框中建立视口，通过调整视口比例（图 4-4）对图形进行缩放，这样就可以直接在布局空间出图，此时打印比例即为 1∶1。

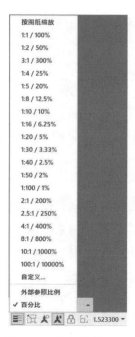

图 4-4 视口比例设置

4.4.4　图纸比例

图纸比例是图形与相对应实物的线性尺寸之比，是我们在纸质图纸的图框标题栏中看到的图纸缩放比例，如 1∶50，1∶100 等。图纸比例的大小是指比值的大小。若图纸比例为 1∶100，则表示图上的 1 mm 代表实际的 100 mm。

图纸比例是画图比例、打印比例、视口比例的综合体现，当采用布局空间出图时，若画图比例为 1∶1，打印比例为 1∶1，则视口比例就是图纸比例；若画图比例不是 1∶1，那么图纸比例就要综合考虑画图比例、打印比例和视口比例。

举例说明：

- 绘制一水池平面图，绘图时在 CAD 中按照 1∶1 的比例绘图，即画图比例是 1∶1，模型空间绘制长度为 1 mm 的直线段代表实际尺寸为 1 mm。图形绘制完成后，在布局空间设置好出图图纸大小（即模型空间绘制的图形要显示/打印在多大的纸张上），若为 A2 幅面的图纸，则绘制或插入 A2 尺寸的图框，在图框上建立视口，调整视口比例，直到将所绘制图形显示完全，即为最终的视口比例（如 1∶500）。若打印比例是 1∶1，则

　　最终图纸比例（标题栏中比例）= 画图比例 × 视口比例 × 打印比例

$$= \frac{1}{1} \times \frac{1}{500} \times \frac{1}{1} = \frac{1}{500}$$

- 绘制一水池平面图，绘图时 CAD 中按照 1∶1 000 的比例绘图，即画图比例是 1∶1 000，模型空间绘制长度为 1 mm 的直线段代表实际尺寸为 1 m，图形绘制完成后，在布局空间设置好出图图纸大小（即模型空间绘制的图形要显示/打印在多大的纸张上），若为 A2 幅面的图纸，则绘制或插入 A2 尺寸的图框，在图框上建立视口，调整视口比例，直到将所绘制图形显示完全，即为最终的视口比例（如 2∶1）。若打印比例是 1∶1，则

　　图纸比例（标题栏中比例）= 画图比例 × 视口比例 × 打印比例

$$= \frac{1}{1\,000} \times \frac{2}{1} \times \frac{1}{1} = \frac{1}{500}$$

图纸比例看似与 CAD 制图没有关系，但实际上 CAD 中的很多比例都与图纸比例密切相关，它决定了我们按什么比例来画图、按什么比例来打印、怎么设置文字大小、标注文字高度设置为多少等。因此在绘图之前应先根据图形的大致尺寸和打印纸张的图幅尺寸设置出这个比例，然后再按照制图标准计算字体高度，这样就可以避免到最终出图的时候才发现因比例设置不合理出现字体过大、遮盖图件内容，或字体过小、无法看清楚内容等问题。

当然，除了以上介绍的布局空间绘制图框的出图方法，还可以将图框绘制到模

型空间中，再按照设置的图纸比例将图框放大，以保证所有图形都可以放入图框中。但为避免操作错误，建议初学者采用在模型空间按画图比例 1∶1 画图、在布局空间设置视口比例出图、打印比例设为 1∶1 的方式制图，这样图纸比例即等于视口比例。具体操作过程在后续章节会详细介绍。

另外，同一幅图打印到不同大小的纸张上，图纸比例有所不同，但无论放大或缩小，图样上标注的尺寸均为机件的实际大小，与比例无关。绘制同一个机件的不同视图应采用相同的图纸比例，并在图框标题栏中的比例栏内填写。当某个视图需要采用不同比例时，必须另行标注。

按照绘图规范，常见的图纸比例如表 4-2 所示。

表 4-2　环境工程专业制图常用图纸比例

名称	图纸比例	备注
区域规划图、区域位置图	1∶50 000、1∶25 000、1∶10 000、1∶5 000、1∶2 000	宜与总图专业一致
总平面图	1∶1 000、1∶500、1∶300	宜与总图专业一致
管道纵断面图	纵向：1∶200、1∶100、1∶50横向：1∶1 000、1∶500、1∶300	
污水处理厂平面图	1∶500、1∶200、1∶100	
水处理构筑物、设备间、泵房、办公用房等	1∶100、1∶50、1∶40、1∶30	
污水处理流程图、污水处理高程图	纵向按实际尺寸绘制，横向不按比例绘制，标题栏中不填入比例	
详图	1∶50、1∶30、1∶20、1∶10、1∶5、1∶2、1∶1、2∶1	

4.5　文字

4.5.1　字号与字体样式

图样中的汉字应采用长仿宋体，字体样式可选择"仿宋 GB 2312"，字的大小应按规定设置，字号代表字体的高度 h，其尺寸为 1.8 mm、2.5 mm、3.5 mm、5 mm、7 mm、10 mm、14 mm 和 20 mm，相邻字号（大字号与小字号）间字体高度之比为 $\sqrt{2}$，字体宽度一般为 $h/\sqrt{2}$。

一般而言，A0 和 A1 图纸中汉字不小于 5 号字（字体高度不小于 5 mm），A2、A3、A4 图纸中汉字不小于 2.5 号字。一张图纸上，同一级别的字体字号应统一，并按照内容级别依次增大或减少字号，如尺寸标注用 2.5 号字，构筑物名称就应用 3.5 号字，而图名用 5 号字，依此类推。

字母和数字可写成直体或斜体，斜体字字头向右倾斜，与水平基准线角度为 75°。

4.5.2 模型空间字号的设置

需要注意的是，上述介绍的字号均为打印出图后纸张上字体的实际高度，若图纸是以一定的图纸比例绘制而成，则在设置字体高度时，应将实际缩放的比例纳入模型空间字体高度的设置中。

举例说明：

（1）绘制一水池平面图，绘图时 CAD 中按照 1∶1 的比例绘图，即画图比例是 1∶1，模型空间绘制长度为 1 mm 的直线代表实际尺寸为 1 mm，图形绘制完成后，在布局空间设置好出图图纸大小，即模型空间绘制的图形要显示 / 打印在多大的纸张上，若为 A2 幅面的图纸，则绘制或插入 A2 尺寸的图框，在图框上建立视口，调整视口比例，直到将所绘制图形显示完全，如果此时的视口比例为 1∶500，打印比例是 1∶1，

$$\text{则本例的图纸比例} = \frac{1}{1} \times \frac{1}{500} \times \frac{1}{1} = \frac{1}{500}$$

若对上述图中水池的长度、宽度等尺寸进行标注，图纸上标注尺寸的字号为 3.5，图名所用的字号为 5，此时字号的设置只和视口比例（1∶500）有关。

图纸上的 3.5 号字，也就是布局空间字体高度为 3.5 mm，则其与 CAD 模型空间字号的关系为

$$\frac{\text{布局空间字号}}{\text{模型空间字号}} = \text{视口比例}$$

$$\frac{3.5}{\text{模型空间字号}} = \frac{1}{500}$$

$$\text{模型空间字号} = \frac{3.5}{\frac{1}{500}} = 1\,750$$

同理，图纸上的 5 号字，在 CAD 模型空间字号应设置为

$$\text{模型空间字号} = \frac{5}{\frac{1}{500}} = 2\,500$$

此时，模型空间的字体高度只有设置为 1 750 和 2 500，按 1∶500 比例缩小之后，才能保证打印图纸上字号分别为 3.5 mm 和 5 mm。

（2）绘制一水池平面图，绘图时 CAD 中按照 1∶1 000 的比例绘图，即画图比

例是 1∶1 000，模型空间绘制长度为 1 mm 的直线代表实际尺寸为 1 m，图形绘制完成后，在布局空间设置好出图图纸大小，即模型空间绘制的图形要显示 / 打印在多大的纸张上，若为 A2 幅面的图纸，则绘制或插入 A2 尺寸的图框，在图框上建立视口，调整视口比例，直到将所绘制图形显示完全，如果此时的视口比例为 2∶1，打印比例是 1∶1，

$$则本例的图纸比例 = \frac{1}{1\,000} \times \frac{1}{1} \times \frac{2}{1} = \frac{1}{500}$$

若对图中水池长度、宽度等尺寸进行标注，图纸上标注尺寸的字号为 3.5，图名所用的字号为 5，此时字号的设置只与视口比例（2∶1）有关，与自己设定的画图比例 1∶1 000 没有关系。

图纸上的 3.5 号字，CAD 模型空间字号应设置为

$$\frac{3.5}{模型空间字号} = 视口比例 = \frac{2}{1}$$

$$模型空间字号 = \frac{3.5}{\frac{2}{1}} = 1.75$$

同理，图纸上的 5 号字，在 CAD 模型空间字号应设置为

$$模型空间字号 = \frac{5}{\frac{2}{1}} = 2.5$$

此时，模型空间的字号设置为 1.75 和 2.5，按 2∶1 比例放大之后，才能保证打印图纸上字号分别为 3.5 mm 和 5 mm。

4.6　图线

在绘制图线的过程中，需要设置线宽和线型。图线按不同的宽度可分为粗线、中线、细线等，按线型可分为实线、虚线、点画线及断线字母组成的线等。在环境工程制图，尤其是管线图绘制过程中，不同的管线可以通过不同的线型和线宽进行区分，以加快识图速度。

4.6.1　图线的宽度

绘制图样时，若设粗实线的宽度为 b，则中实线宽度为 $0.5b$，细实线宽度为 $0.25b$。一般来说，A0、A1 幅面图纸粗实线、中实线、细实线线宽分别为 1.0 mm、0.5 mm、0.25 mm；A2、A3、A4 幅面图纸粗实线、中实线、细实线线宽分别为

0.7 mm、0.35 mm、0.18 mm。

粗实线 b，一般用于绘制平、剖面图中被剖切的主要建筑构造（包括构配件）的轮廓线；建筑立面图或室内立面图的外轮廓线；平、立、剖面图的剖切符号等。

中实线 $0.5b$，一般用于绘制平、剖面图中被剖切的次要建筑构造（包括构配件）的轮廓线；建筑平、立、剖面图中建筑构配件的轮廓线。

细实线 $0.25b$，一般用于绘制图形线、尺寸线、尺寸界线、图例线、索引符号、标高符号、大样图引出线等。

表 4-3 给出了图框和标题栏的线宽（图 4-1）。

表 4-3　图框和标题栏线的宽度　　　　单位：mm

图纸幅面	图框线	标题栏外框线	标题栏分格线、会签栏线
A0、A1	1.4	0.7	0.35
A2、A3、A4	1.0	0.7	0.35

4.6.2　图线的线型

环境工程中管线绘制时，一般可见轮廓线用实线，不可见的用虚线，中心线及对称线用单点画线，假想轮廓线、成型前的原始轮廓线用双点画线。在管线绘制时可参照给水排水制图标准中线型的画法，如表 4-4 所示。

表 4-4　给水排水工程制图采用的线型

线型名称	线型样式	线宽	主要用途
粗实线	——————	b	新设计中各种排水管线和其他重力流管线的可见轮廓线
粗虚线	— — — —	b	新设计中各种排水管线和其他重力流管线的不可见轮廓线
中粗实线	——————	$0.75b$	新设计中各种给水管线和其他压力流管线的可见轮廓线；原有的各种排水管线和其他重力流管线的可见轮廓线
中粗虚线	— — — —	$0.75b$	新设计中各种给水管线和其他压力流管线的不可见轮廓线；原有的各种排水管线和其他重力流管线的不可见轮廓线
中实线	——————	$0.5b$	给水排水设备、零（附）件的可见轮廓线；总图中新建的建筑物/构筑物的可见轮廓线；原有的各种给水管线和其他压力流管线的可见轮廓线

线型名称	线型样式	线宽	主要用途
中虚线	‒ ‒ ‒ ‒ ‒ ‒	0.5b	给水排水设备、零（附）件的不可见轮廓线；总图中新建的建筑物/构筑物的不可见轮廓线；原有的各种给水管线和其他压力流管线的不可见轮廓线
细实线	——	0.25b	建筑的可见轮廓线；总图中原有的建筑物/构筑物的可见轮廓线；图中的各种标注线
细虚线	- - - - - - -	0.25b	平面图中水面线、局部构造层次范围线、保温范围示意线等
单点长画线	‒ · ‒ · ‒ · ‒	0.25b	中心线、定位轴线
折断线	——／\／——	0.25b	断开界线
波浪线	～～～～	0.25b	平面图中的水面线、局部构造层次范围线、波纹范围示意线等

　　环境工程设计管线图绘制时通常涉及许多管线，如污水处理厂就包括污水线、污泥线、曝气线、混合液回流线、污泥回流线、废水线、气反冲洗线、水反冲洗线、超越管线、雨水管线等。若仅采用不同线宽的实线、虚线、点画线等来表示，则在图纸上很难直观地进行区分，增加了图纸使用人员的识图难度。因此，在进行多种管线的绘制时，多采用短线与字母相结合的方式表示管线。字母为管线名称拼音首字母或容易联想到管线名称的典型字母。短线长度相等，字母与短线之间留出空隙。表 4-5 给出几种管线样式示例。

表 4-5　污水处理管线样式示例

线型名称	线型样式
污水线	——— W ———
污泥线	——— N ———
曝气线	——— Q ———
混合液回流线	——— HH ———
污泥回流线	——— NH ———
废水线	——— F ———
气反冲洗线	——— QC ———
水反冲洗线	——— SC ———
雨水管线	——— Y ———
超越管线	——— C ———

此外，绘制图线时还应注意以下事项。

（1）同一图样中，同类图线的宽度应基本一致。虚线、点画线及双点画线的线段长度和间隔应大致相等。

（2）两条平行线（包括剖面线）之间的距离应不小于粗实线的两倍宽度，其最小距离不得小于 0.7 mm。

（3）绘制圆的对称中心线时，圆心应为线段的交点。

（4）在较小的图形上绘制点画线或双点画线有困难时，可用细实线代替。

（5）点画线、虚线以及其他图线相交时，都应在线段处相交，不应在空隙处或短画处相交。当虚线为实线的延长线时，在虚、实线的连接处，虚线应留出空隙。

（6）点画线和双点画线中的"点"应画成约 1 mm 的短画，点画线和双点画线的首尾两端应是线段而不是短画。

（7）轴线、对称中心线、折断线和表示中断的双点画线，应超出轮廓线 2～5 mm。

4.7　尺寸标注

环境工程图纸中除标高与总平面图上的尺寸以 m 为单位标注外，其余通常以 mm 为单位标注。为使图面清晰，尺寸数字后面一般不标注单位。

尺寸标注的四要素是指尺寸界线、尺寸线、尺寸数字和尺寸起止符号（图 4-5）。

尺寸界线：拟注尺寸的边界，用细实线绘制，引出端有 2 mm 以上的间隔，末端则超出尺寸线 2～3 mm，一般应与被注对象垂直。在图形里面则以轮廓线或中线代替。

尺寸线：在平面制图过程中，画在两条尺寸界线之间，为了标注尺寸而单独绘制的线段，上方标有数值，一般用细实线绘制，所注尺寸线的方向应与被注对象平行。图样本身的任何图线均不得用作尺寸线。与尺寸界线相交处应适当延长。

尺寸数字：水平方向的尺寸一般应注写在尺寸线的上方；垂直方向的尺寸，一般应注写在尺寸线的左方；倾斜方向的尺寸一般应在尺寸线靠上的一方。也允许注写在尺寸线的中断处。

尺寸起止符号：尺寸线与尺寸界线相交点处的符号，一般有箭头、短斜线等形式，在环境工程制图过程中，一般采用图 4-5 中的短斜线样式。

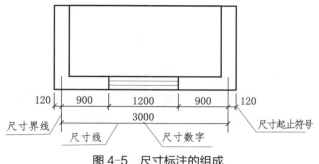

图 4-5 尺寸标注的组成

4.8 标高标注

标高用于表示构筑物 / 建筑物各部分的高度，分为绝对标高和相对标高。

绝对标高是指建筑相对于国家黄海标高的高度。任意一个地点相对于黄海的平均海平面的高差，我们都称之为绝对标高。这个标准仅用于中国境内。

相对标高是把项目所在地的室外场地整平后，将地平面标高定为相对标高的零点，并以此为基准进行建筑物施工图的高度标注。零点标高标注为 ± 0.000；低于零点标高的为负标高，标高数字前加 "–" 号，如 "–0.450"；高于零点标高的为正标高，标高数字前可省略 "+" 号，如 3.000。标高以 m 为单位，小数点后保留三位。

在环境工程设计过程中，平面图上也会标注标高，此时标高表示地面整平情况，平面图的整平地面标高符号为涂黑的等腰直角三角形，标高数字注写在符号的右侧、上方或右上方。

但大多数标高标注在高程图、构筑物剖面图上，用于表示构筑物、管道等的位置，具体包括：构筑物和土建部分的标高，墙体的顶、底板等的标高，不同水位线的标高，管道的中心线的标高，沟渠和管道的起讫点、转角点、连接点、变坡点、变尺寸（管径）点及交叉点的标高等。标高标注如图 4-6 所示。

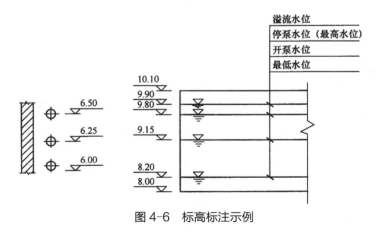

图 4-6 标高标注示例

4.9　习题

（1）污水处理厂制图过程中，AAO 构筑物主要可见轮廓线应采用什么线型？

（2）项目平面图一般绘有当地风玫瑰图，宜采用什么图线绘制？

（3）某污水处理站鼓风机房，在图纸上的长度为 5 cm，图纸比例为 1∶100，则其实际长度是多少？

（4）某垃圾填埋场平面图上标注的尺寸只有数字，没有单位。按国家标准规定，尺寸的单位应该是什么？

第 **3** 篇

环境工程图纸绘制

第**5**章
污水处理厂／站设计图的绘制

🎯 本章小结

通过对污水处理厂／站全套图纸的临摹，熟练掌握第 2 章学到的绘图及编辑命令，理解第 4 章介绍的绘图规范中的标准在实际图形绘制过程中的应用，在识图基础上，掌握污水处理厂平面图、管线图、高程图及单体图的绘制要点，在绘图的同时，对本专业知识的综合应用加深理解，为今后从事环境工程设计及绘图工作打下基础。

5.1 整套设计图纸的基本组成及识图

5.1.1 污水处理厂／站设计图纸组成

污水处理厂／站的设计由很多环节构成，包括总体平面布置、构筑物／建筑物之间的管线连接、工艺流程（高程）、单体构筑物、建筑物、给排水等。因此，污水处理工程图纸一般包括污水处理厂／站平面布置图、高程布置图、管线布置图、单体构筑物／建筑物的平剖图，以及体现设计和施工要求的说明文字。

附录为某污水处理站设计图，该设计工艺流程为：粉碎机—细格栅—旋流沉砂池—调节沉淀池—曝气生物滤池—接触消毒池，其中主体工艺为曝气生物滤池。图纸内容包括该污水处理站设计说明、总平面布置图、管线布置图、高程布置图，以及主体处理构筑物曝气生物滤池平剖图等。本章以此套图纸为例，介绍污水处理工程设计图的绘制方法。

5.1.2 识图

拿到图纸后，首先进行识图，识图的顺序如下。

（1）设计说明：通过阅读设计说明可以了解工程项目概况、位置、标高、材料要求、质量标准、施工注意事项及一些特殊的技术要求，对项目主要内容形成初步印象。

（2）平面图：了解构筑物／建筑物的平面形状及长宽等尺寸，各种构筑物／建筑物间的布局和交通布置，以及进出水管道、阀门井等的位置，对项目形成一个平面概念，为看立面图、剖面图打好基础。

（3）高程布置图：了解构筑物／建筑物的朝向、层数和层高的变化，以及管道、设备等的位置及连接情况。

（4）剖面图：大体了解剖面部分的各部位标高变化和构筑物／建筑物内部情况。

（5）结构图：了解平面图、立面图、剖面图等建筑图与结构图之间的关系，加深对整个工程的理解。

（6）大样图或节点图：根据平面图、立面图、剖面图等图中的索引符号，详细阅读所有的大样图或节点图，做到粗细结合。

只有循序渐进，才能理解设计意图，看懂设计图纸，按照"先看说明后看图，看图顺序平→立→剖，查对节点和大样，建筑结构对照读"的原则才能事半功倍。

● 识读重要尺寸

看图纸必须认真、仔细、一丝不苟。对图中的每个数据、尺寸，每个图例、符号，每条文字说明，都不能随意忽略。对图纸中表述不清或尺寸缺失的部分，绝不能凭自己的想象、估计、猜测来施工，否则就会失之毫厘，差之千里。

图纸上的尺寸很多，作为操作人员，不需要也不可能将图上所有的尺寸都记住。但是，对建筑物的一些主要尺寸，主要构配件的规格、型号、位置、数量等，则必须牢牢记住。尤其对于施工负责人来说，这样可以加深对设计图纸的理解，有利于施工操作，减少或避免施工错误。

● 厘清图纸关系

看图时必须弄清每张图纸之间的相互关系。因为任何一张图纸都无法详细表达一项工程各部位的具体尺寸、施工方法和要求。必须用很多张图纸，从不同的角度表述某一个部位的施工方法和要求，这些不同部位的施工方法和要求，构成了一个建筑物全貌。所以在一份设计中各图纸之间存在密切的联系。

● 理解项目特点

环境治理工程需要满足不同污染物的净化要求，因此设计与施工方法各有不同。如酸性废水处理车间对墙面、地面等有耐酸要求；精密仪表车间，对门窗、墙壁有不同的防尘、恒温、恒湿要求；噪声较大的车间，则对噪声和振动有防护要求，应在顶棚、墙面采用不同的处理方法以满足技术要求。因此，在熟悉每份设计图纸时，必须了解该项工程的特点和要求。

● 图表对照

一份完整的施工图纸，还包括各种表格。这些表格归纳了各分项工程涉及的施工方法、尺寸、规格、型号，它们是图纸的组成部分，应与图上内容逐一对照。

在实际工作中，一份比较复杂的设计图纸，常常是由若干专业设计人员共同完成的，由于种种原因，在尺寸上可能出现某些矛盾。如总尺寸与细部尺寸不符；大样、小样尺寸不统一；建筑图上的管道开孔位置与结构图错位；总标高或池底标高与细部图或结构图中的标注不符等。还可能由于设计人员的疏忽，出现某些漏标、漏注部位。因此，施工人员在看图时必须一丝不苟，才能发现此类问题，然后与设计人员共同解决，避免错误的发生。

5.2 污水处理厂／站平面布置图

5.2.1 平面布置要点

污水处理厂／站一般包括构筑物／建筑物、办公化验及其他辅助建筑物，以及各种管线、道路、厂区绿化景观等。因此，厂区平面图上一般包括厂区用地红线、建筑红线、所有构筑物与建筑物的平面位置、厂区绿化、厂区内部道路及其定位、各种管线及其定位等信息。

污水处理厂／站的总平面布置应布局紧凑、尽量减少用地面积。总平面布置应该符合工艺流程特点、功能明确、保证运输畅通、使动力区接近负荷中心、工程管线短捷、管理方便。应满足工艺、土建、防火安全、卫生绿化及生产与处理规模未来发展等方面的要求。应根据污水处理厂／站各建筑物、构筑物的功能和工艺要求，结合厂址地形、气象和地质条件等因素，使总平面布置合理、经济、节约能源，并便于施工、维护和管理。

（1）占地面积及功能区划分。

污水处理厂的占地面积、建设规模与污水处理级别有关，应参考《城市污水处理工程项目建设标准》（建标 198—2022）进行设计。其中城市污水处理厂建设规模分为 4 类（表 5-1）。

表 5-1 城市污水处理厂建设规模分类　　　　　　　　　　单位：万 m³/d

建设规模	Ⅰ类	Ⅱ类	Ⅲ类	Ⅳ类
污水量	20～50	10～20	5～10	1～5

注：Ⅰ类规模含上、下限值，其他规模含下限值，不含上限值。

污水处理级别包括以下几类。

一级处理（包括强化一级处理），以沉淀为主体的处理工艺。

二级处理，以生物处理为主体的处理工艺。

深度处理，进一步去除二级处理不能完全去除的污染物的处理工艺。

污水处理厂处理单位水量的建设用地不应超过表 5-2 所列数值。其中生产管理及辅助生产区用地面积宜控制在总用地的 8%～20%。

表 5-2 建设用地控制指标 单位：$m^2/(m^3 \cdot d)$

建设规模	Ⅰ类	Ⅱ类	Ⅲ类	Ⅳ类
二级处理	0.80～0.65	1.00～0.80	1.20～1.00	1.50～1.20
深度处理	0.25～0.20	0.30～0.25	0.35～0.30	0.45～0.35

注：1. 建设规模大的取下限，规模小的取上限，中间规模采用内插法确定；

2. 表中深度处理的用地指标是在污水二级处理的基础上增加的用地；深度处理工艺按提升泵房、絮凝、沉淀（澄清、气浮）、过滤、消毒、排水泵房等常规流程考虑；当二级污水处理厂出水满足特定回用要求或深度处理仅需某几个净化单元时，深度处理用地应根据实际情况调整。二级处理的排水指标为《城镇污水处理厂污染物排放标准》（GB 18919）的一级 B 标准，深度处理的排水指标为一级 A 排放标准。出水水质标准超过一级 A 标准时，可根据采用工艺适当增加建设用地。

3. 表中指标不包括污水深度处理采用人工湿地或其他生态处理工艺的用地以及一级污泥处置的用地。

4. 表中指标中不包括污泥采用好氧发酵工艺时的用地面积。

5. 污水处理厂近期部分建设内容包括远期时，应根据实际情况增加近期用地，总用地控制面积不得超过远期规模的指标。

6. 高寒、高原地区可根据实际情况适当增加用地面积。

7. 大于Ⅰ类规模的污水处理厂适当下调控制指标，小于Ⅳ类规模的污水处理厂应符合《小城镇污水处理工程建设标准》（建标 148—2010）的规定。

8. 包含受污染雨水处理时，应结合污水处理工艺，合理确定建设用地。

例如，建设一日处理规模为 20 万 t 的二级污水处理厂，按表 5-2 中可以选Ⅰ类中的上限值，用地指标 0.8 $m^2/(m^3 \cdot d)$，其占地面积原则上不得高于 160 000 m^2，即

占地面积 =200 000（$m^3 \cdot d$）×0.80 $m^2/(m^3 \cdot d)$ =160 000 m^2

相应地，生产管理及辅助生产区用地面积宜控制在总用地的 8%～20%，即 12 800～32 000 m^2。

上述内容为规模较大的城市污水处理厂用地指标，对于规模较小的工业污水处理站及农村污水处理站来说，同样应遵循节约用地的原则，在设计达标的前提下，尽量减少占地面积，一般而言，生产管理及辅助生产区用地面积宜控制在总用地面积的 10% 以内。

　　阅读某污水处理站平面布置图（附图 1-2）上的标注尺寸可知，该污水处理站的占地长度和宽度均为 70 m，占地面积为 4 900 m^2，辅助用房面积约为 240 m^2。

　　（2）坐标。

　　阅读某污水处理站平面布置图（附图 1-2），要确定该工程所采用的坐标。附图 1-2 所示为自设坐标系，即相对坐标，相对坐标的坐标原点一般选在污水处理厂 / 站围墙的左下角，这样可避免标注尺寸出现负值。有的设计图纸会采用测量坐标系统，以陕西省西安市以北泾阳县永乐镇某点为国家大地坐标原点，通过全国天文大地网整体平差建立的全国统一的大地坐标系，即 1980 年国家大地坐标系，简称 1980 年西安原点或西安 80 坐标系，采用此坐标系时，坐标数字前采用 X-Y 标识区分。

　　（3）风玫瑰图。

　　注意图纸上的风玫瑰图、指北针等信息，一般绘制于平面图的右上方。风玫瑰图也被称为风向玫瑰图、风频图，是将风向分为 8 个或 16 个方位，在各方向线上按各方向风的出现频率，截取相应的长度，将相邻方向线上的节点用直线连接的闭合折线图形。风玫瑰图折线上的点离圆心的远近，表示从此点向圆心方向刮风的频率的大小。离圆心越远，表示此风向频率越大。通常风玫瑰图与指北针结合在一起，风玫瑰图的纵轴方向为北方。图 5-1 所示风玫瑰图的主导风向为东南风及西北风。

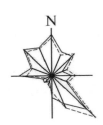

图 5-1　风玫瑰图

　　污染治理工程，若涉及臭气、废气等空气污染物，除在项目选址时考虑风向对周边居民及环境的影响外，选址完成后，在项目所在区域进行工程平面布置时，同样应考虑不良气味或废气排放，如进水泵房及格栅产生的臭气、除尘器排放的尾气等，对厂区工作人员的影响。在厂区内进行平面布置时，同样应尽量将污染源、臭气源布置在办公区及人员活动区的下风向，并尽量远离办公区及人员活动区。如在进行城市污水处理厂的平面布置时，尽量将综合楼等布置在污水处理厂 / 站出水端，将臭味较大的进水端设置在远离人员活动区的一端。这种布局方式，一方面减少了不良气味对人员的影响，另一方面也便于利用尾水设计生物预警池和进行尾水的绿化回用等。

（4）直线布局。

污水处理厂/站各构筑物/建筑物的位置，应按工艺流程的顺序进行布置。生产线路尽可能具备单向性和直向性。污水处理厂的布局重点考虑污水线路走向、污泥线路走向及曝气线路走向这 3 条线路走向。尤其对于重力流污水线路，尽量做到直线布局，避免迂回曲折，以减少水流输送过程中的水头损失。水头损失的减少，一方面有利于减少后续构筑物埋深，降低建设成本；另一方面有利于减少进水泵房的提升水头，从而降低水泵的购置成本及运行成本。

（5）就近原则。

辅助构筑物的设置应考虑距离和管理的便捷。

鼓风机房：应设置在好氧段的附近，以缩短管路、减少压力损失。同时，鼓风机房噪声较大，应避免在其周边设置人员工作区，如综合楼、机修车间等。

污泥脱水车间：脱水过程要添加混凝剂，脱水后的污泥需要外运处理，为便于厂区内运输，污泥车间一般布置在厂区次出入口附近。

锅炉房：应尽可能布置在使用蒸汽多的地方，以缩短管路、减少热损失。锅炉房附近不能配置有爆炸危险的车间或易燃品仓库，且应将它们放置于厂区的下风位置。

配电室：一般应布置在用电大户附近，如鼓风机房旁边，并位于产生空气污染的区域的上风向位置。

机修车间：应放置在与各生产车间联系方便且安全的位置。

中央控制室、中心试验室、仪表修理间、行政管理部门包括工厂各部门的管理机构、公共会议室等可集中于综合楼上，并置于清洁卫生、震动和噪声少、灰尘少的上风位置。

（6）建筑物之间的距离及绿化隔离。

建筑物之间的距离不仅要符合消防安全的要求，而且要满足工业卫生、采光、通风等方面的要求。

各区之间应设置较宽的绿化隔离带，以创造良好的工作环境，厂区绿化面积一般不小于30%。

（7）厂内道路。

厂内人行道的宽度一般为 1.8～2 m。

单车道一般为 3.5～4.0 m；双车道为 6.0～7.0 m，能允许两辆卡车双向通过；车行道的转弯半径为 6.0～10.0 m。

支道和车间引道宽度不小于 3 m，并有回车道。同时要考虑输送线路的循环性，避免厂区内的交通堵塞。

（8）厂区出入口。

厂区布置好之后，设置厂区出入口，在考虑与厂区外部市政道路的通达性的基础上，污水处理厂一般会设置两个出入口，主出入口一般就近设置于办公区附近，便于工作人员及来访人员进出；次出入口一般设置在污泥处理构筑物附近，方便工程车辆、剩余污泥运输车辆等进出。

总体来说，总图布置是根据生产需要，综合各种因素，以及厂内绿化、美化环境、改善劳动条件等方面的要求，选择几个方案进行技术论证和经济比较。可采用样片法、模型法、物料运送法、相对位置法等方法进行分析比较，从中选出最佳的布置方法。

根据上述平面布置原则，附图 1-2 的平面布局分析见图 5-2。图中虚线框为管理辅助用房，也是工作人员活动区，厂区主出入口位于该区域，其他区域为生产区。污水走向尽量做到直线布局；厂区次出入口位于污泥处理设施附近，方便运输；曝气动力线，就近设置于好氧区及反冲洗区旁边，且与配电房合建，缩短管路距离。

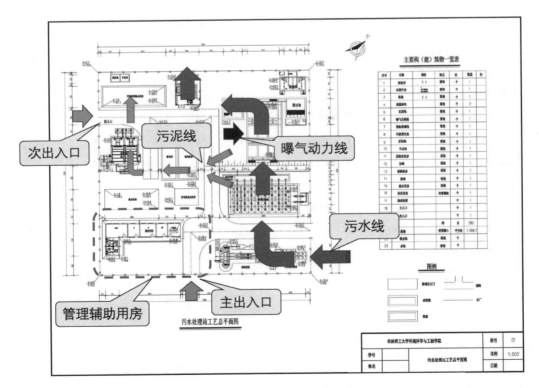

图 5-2　某污水处理站平面布局分析

5.2.2　设置图形界限

临摹绘制附图 1-2，首先需要设置图形界限。图形界限圈出的区域是进行绘图的操作视图的范围，是一个大致的绘图范围。AutoCAD 默认绘图范围为 A3 图纸的大小，即 420 mm、297 mm，但实际绘图过程中，可能绘制图形较大，远超过 AutoCAD 默认操作视图范围。为方便绘制及编辑图形，一般会将图形界限设置为略大于项目的实际尺寸。

本案例平面图以 m 为单位进行绘制，即绘图比例为 1∶1 000，AutoCAD 绘图空间的 1 mm 长度，代表实际工程 1 m（1 000 mm）长度，纵观全图，长度为 200，宽度为 150，即可将整幅图包含进来，因此，将图形界限设置为 200，150。设置步骤如下。

- 首先打开 AutoCAD 软件进入绘图页面后，在下面命令栏里输入命令"LIMITS"后按空格 / 回车键，或者单击上面的格式菜单栏→图形界限（图 5-3），此时在命令窗口输入 ON，则界限限制功能打开，凡是图形界限之外的区域将无法绘制图形；输入 OFF，则限制功能关闭，所有区域均可绘制图形。

图 5-3　设置图形界限

- 这时命令栏里会出现重新设置模型空间界限的说明，直接按空格 / 回车键，将下面的原坐标，即左下角坐标指定为（0.000,0.000），即默认左下角为原点（0.000,0.000）。

- 随后，命令栏里出现"指定右上角点坐标"，也就是计划设置的绘图区域"200,150"，在命令栏里输入"200,150"（图 5-4），按空格 / 回车键。

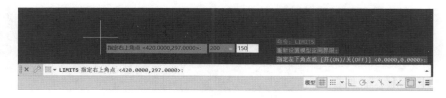

图 5-4　输入右上角坐标

- 接着在命令窗口输入"ZOOM"，按空格 / 回车键，继续输入"A"，按空格 / 回车键，进行全局缩放，这时命令栏里会出现"正在重生成模型"7 个字，说明新的图形界限设置完成。

5.2.3　设置图层

　　图层是 AutoCAD 的重要绘图工具之一，可以把图层看作没有厚度的透明薄片，设置多个图层之后，各层之间可以完全对齐。使用 CAD 绘制复杂图形时，把所有线条绘制在同一个图层上，不仅麻烦、容易出错，而且不利于后续的编辑操作。这时我们就可以利用图层功能，将图形的不同部分绘制在不同的图层上。

　　创建图层的方法：在命令栏中输入"LAYER"命令，或单击"默认"选项卡的图层特性按钮（图 5-5），将出现"图层特性管理器"对话框（图 5-6）。AutoCAD 2021 系统默认图层为 0 层，该层不能更名和删除，但可以更改其特征。在 0 层创建块文件，具有随层属性，也就是无论在哪个图层插入该块，该块就具有插入层的属性。在实际绘图过程中，尽量不要在 0 层绘图，尽量不要用白色线绘图，白色线一般用于 0 层。如果将图都绘制到 0 层上，容易导致图层混乱，不利于分层管理。因此，建议读者养成创建新图层，不在 0 层绘图的习惯。

图 5-5　图层特性

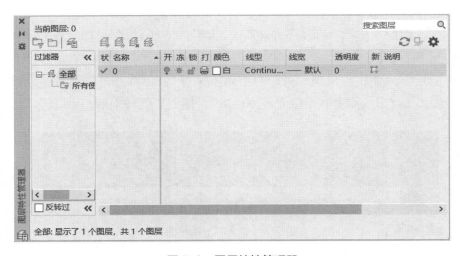

图 5-6　图层特性管理器

　　单击"图层特性管理器"对话框中的新建图层按钮将新建一个新图层（图 5-7），不断单击将不断出现新的图层。删除图层的操作方法是，在图层列表框中选中要删除的图层，单击"删除图层"即可。但要删除的图层必须是空白图层，即该图层中不包含图形对象，若该图层中已绘制了图形，则须先将该图形设置为其他图层或删除后，才能删除该图层。

新建图层　冻结图层　删除图层　置为当前图层

图 5-7　图层设置功能按钮

单击图 5-7 中的"新建图层"后，根据待临摹某污水处理站平面布置图（附图 1-2）的组成元素，新建 6 个图层，修改图层名称为"构筑物墙体""道路中心线""管线""标注""绿化""文字"（图 5-8），也可根据个人绘图习惯设置自己的图层及名称。

在绘图过程中，当图层较多或图线较为密集时，用户可通过单击"图层特性管理器"中的 ████████ 按钮对单个图层进行打开、冻结、锁定、是否打印操作。

其中：

● 单击 💡 打开或关闭图层。

关闭某个图层后，该图层中的对象将不再显示，但仍然可在该图层上绘制新的图形对象，不过新绘制的对象也是不可见的。另外，只通过鼠标框选无法选中被关闭图层中的对象。

注意：被关闭图层中的对象是可以编辑修改的。例如，执行删除、镜像等命令，选择对象时输入"ALL"或"Ctrl+A"，被关闭图层中的对象也会被选中，并执行删除或镜像等命令。

● 单击 ❄ 冻结图层。

冻结图层后不仅使该层不可见，还不能在该层上绘制新的图形对象，也不能编辑和修改，而且在选择时，该层所有内容均无法选中，另外在对复杂的图进行重新生成视图操作时，AutoCAD 2021 也忽略被冻结层中的实体，以节约显示时间和计算机内存。

● 单击 🔓 锁定图层。

和冻结不同，某一个被锁定的图层是可见的，同时也可定位到图层上的实体，但不能对这些实体做修改，不过可以新增实体。这些特点使该功能可用于修改一幅很拥挤、稠密的图。把不需要修改的图层全锁定，这样就不用担心错误的改动。

此外，用"图层特性管理器"中的菜单 ████████ 能够设置该层图件的颜色、线型、线宽及透明度信息。

如道路中心线一般用点画线。点画线的设置方法为，单击要改变的图层"道路中心线"的线型 Continuous，系统弹出如图 5-8 所示对话框，单击"加载"，出现线型管理器对话框（图 5-9），选择合适的线型，确认完成设置。

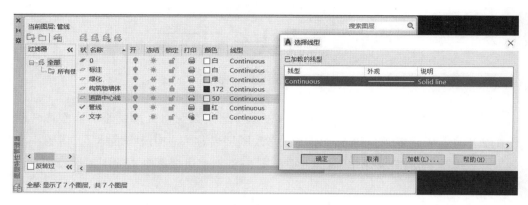

图 5-8　图层线型的设置

需要注意的是，在环境工程制图过程中，有些长线条，如以 mm 为单位绘制一条长度为 10 000 的墙体时，此时，虽然线型改为点画线，但通常在模型空间，线条看起来仍然是实线。出现这一现象的原因，主要与线型比例有关。在"线型管理器"窗口中，单击显示细节按钮，"详细信息"栏出现两个比例：全局比例因子和当前对象缩放比例（图 5-9）。

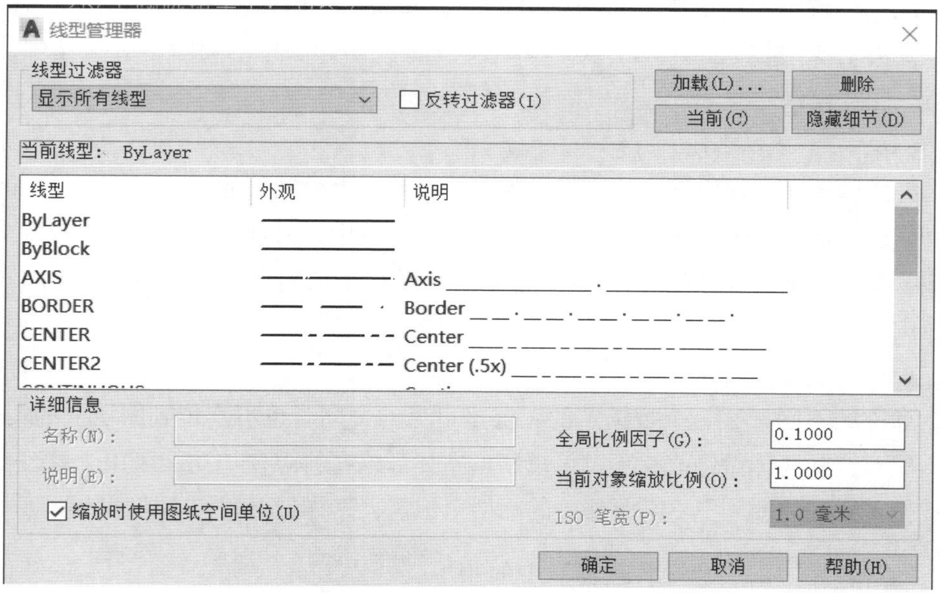

图 5-9　线型管理器

● 全局比例因子。

全局比例因子即设置所有线型的比例因子。比例因子对除实线（连续线）以外的线型有效，因为实线无论怎么调整比例因子，放大或缩小，仍然是实线。但非连续线（虚线）一般是由实线段、空白段和点等组成的序列。当在屏幕上显示或在布局空间图纸上输出的线型比例不合适时，通常所设置的非连续线，如点画线，就无法正常显示，或看起来仍然是实线，或者空白段看起来太长，比例不协调等。此时，就可以通过改变全局比例因子的方法放大（大于 1）或缩小线型（小于 1），从而达到最佳效果。输入比例后，图纸中所有图形的线型比例都会乘上这个比例，假设这个比例设置为 100，某条线原本的线型比例是 2，那么这条线的实际的线型比例就是 200。

可见，如果图纸尺寸非常大或非常小，图形中绘制的虚线无法正常显示和打印，就可以通过调整全局比例因子来解决虚线无法正常显示的问题。需要说明的是，改变全局比例因子后，图形对象中线段的总长度保持不变。

● 当前对象缩放比例。

改变当前对象缩放比例会影响后面创建的所有对象的线型比例，而不会影响已经绘制好的对象的线型比例。也就是说，在设置比例之后所绘图形的线型比例，才会采用当前对象缩放比例设定的线型比例。

根据拟临摹的平面布置图（附图 1-2）的内容，用户可尝试新建图层并对其进行操作，包括熟悉打开、冻结、锁定、打印、颜色、线型、线宽、透明度等功能。如图 5-10 所示，绿化图层为冻结图层，构筑物墙体为锁定图层，文字图层设置为不可打印图层，道路中心线设置为点画线，其他图层为实线，构筑物墙体线宽设置为 0.3 mm，其余图层线宽均设置为默认线宽（注：AutoCAD 2021 的默认线宽为 0.25 mm）。

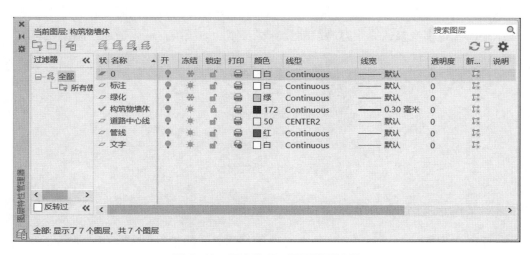

图 5-10　污水处理厂平面图层设置

总体来说，AutoCAD 的图层特点如下。

（1）可以在一幅图中设定任意数量的图层，系统对图层数量和每一个图层上的对象数量没有限制，但只能在当前图层上绘图，因此，绘图过程中，要注意切换图层。

（2）每一个图层有一个对应的名称，以示区别。当开始绘图时，AutoCAD 自动创建名称为 0 的图层，为默认图层，其他图层名称由用户自己定义。在环境工程绘图过程中，应在自定义图层上绘图，方便统一管理。

（3）一般情况下，同一个图层上的对象尽量采用相同的线型、线宽及颜色，便于用户将该层图形进行统一修改编辑，避免后期修图时，因线条过多造成遗漏和差错。

（4）绘图过程中，再次点开图层特性管理器，可能会发现里面自动生成了 Defpoints 图层，只要在绘图过程中进行了尺寸标注的操作，系统就会自动生成 Defpoints 图层。系统在该层中放置了各种标注的基准点。在平常看不出来，但是一旦将标注分解就能发现，因此，不要在 Defpoints 层绘图。

5.2.4 设置线型、线宽、颜色

在第 2 章学习基本图形绘制的过程中，没有设置图层，此时所有图形均在 0 层绘制。线条的颜色、线宽及线型可直接在图 5-11 所示的菜单栏"默认"选项卡的"特性"面板中进行修改。之后的绘图过程中，我们会将所有线条、文字分别绘制于不同的图层中，此时，AutoCAD 特性面板（图 5-11）中，线型、线宽、颜色直接设置为"Bylayer"（随层）即可。随层的含义是绘图线型、线宽、颜色始终与图形对象所在图层设置保持一致，这是最常用的设置，建议用户采用此设置。

假如用户需要对某图层的线型进行修改时，应在图 5-8 的图层特性管理器中进行，而不宜直接在特性面板中修改。因为一旦将某线条直接在特性面板中修改，则该线条便具有了特有的线型特征属性，不再随图层属性的变化而变化。此时，若图纸还需经过多次修改，很容易遗漏具有特有属性的线条，从而造成绘图错误。

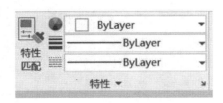

图 5-11 特性面板

5.2.5 构筑物定位与绘制

平面布置图主要反映了厂区内各单体构筑物之间的相对位置及相互关系。设计平面图时，一般需要先绘制轴线，辅助布局。临摹平面图时，可直接根据待临摹

图纸中构筑物的形状，定位构筑物特征点。如附图 1-2 中，厂区左下角为圆点（0，0），临摹绘制综合用房时，其特征定位点为角点，具体操作如下。

首先将图层特性管理器中各图层的打开，使其处于未冻结、非锁定、可打印状态，随后单击图 5-12 中图层下拉菜单，找到"构筑物墙体"，鼠标左键单击选中"构筑物墙体"，将其设置为当前图层。

图 5-12　设置当前图层

采用输入坐标方式定位特征点，在 AutoCAD 2021 上方绘图面板找到"多点"（图 5-13），或者在命令窗口输入"POINT"，按空格／回车键，系统提示"指定点"，键盘输入综合用房的左下角第一个特征角点"2.2，6.8"，按空格／回车键，随后用相同方法依次输入"6.4，6.8"，"6.4，13"，"26.8，13"，"26.8，17.4"4 个特征角点坐标，在菜单【格式】┤点样式】，将点样式设置为 ✖，方便识别（图 5-14）。随后，调用直线（LINE）功能，将特征点依次连接，即绘制完成综合用房的轮廓（图 5-15），调用矩形、圆弧、偏移、修剪、复制等图形绘制及编辑工具，对墙体，门窗等细节进行修饰，即可完成综合用房的绘制。

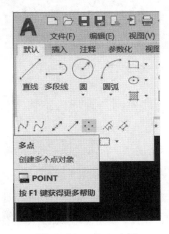

图 5-13　多点功能

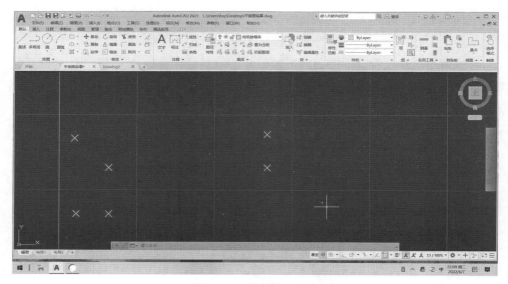

图 5-14　绘制特征角点

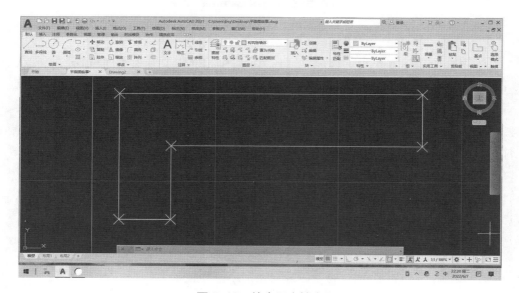

图 5-15　综合用房轮廓

其他构筑物的绘制方法与此相同。圆形构筑物定位圆心、道路定位中心线等，随后按照其外形绘制出轮廓（图 5-16）。

需要注意的是，绘制不同图层的主体之前，首先要切换图层，然后再绘图，即单击图 5-12 中图层下拉菜单，找到即将绘制的图层，鼠标单击选中即可完成图层切换。若忘记切换图层，但已经绘制了一部分图形，则只需选中这些绘制好的图形后，再单击图 5-12 中正确的图层，即可完成图层的更换，无须将已经绘制好的图形删除重绘。

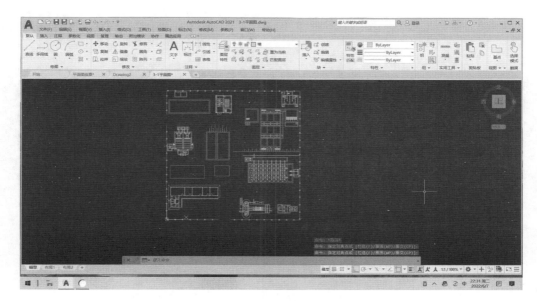

图 5-16　构筑物轮廓

5.2.6　设置文字样式及创建文字

环境工程设计图中的构筑物的名称、图名、说明等文字标示，应单独放置于"文字"图层，便于管理。

每幅图中的文字虽然多，但文字大小通常不一样，如本书中 4.5 节介绍了制图标准中对文字的规范：图纸上文字高度分别为 1.8 mm、2.5 mm、3.5 mm、5 mm、7 mm、10 mm、14 mm 和 20 mm，A2、A3、A4 图纸中文字不小于 2.5 号字。观察临摹的附图 1-2，其字号主要有三级，字号大小及模型中字号设置见表 5-3。

- 2.5 号字，用于构筑物或建筑物中的局部单元名称，如综合用房中各房间的名称，包括化验室、办公室、中央控制室、会议室等，以及图中的尺寸标注。
- 3.5 号字，用于主要构筑物或建筑物的名称，如综合用房、调节沉淀池、曝气生物滤池等；说明中的文字以及表格中的文字；图框标题栏中的文字。
- 5 号字，用于图名，如污水处理站平面布置图等。

如前文所述，若以"m"为单位绘图，则画图比例为 1∶1 000；本案例设置图纸大小为 A3，则布局空间的视口比例为 2.5∶1（具体操作见下文 5.2.9 节）；打印比例为 1∶1；计算可知，图纸比例为 1∶400。

由视口比例（2.5∶1）推算字号高度与画图比例无关，模型空间字号设置为 1、1.4 和 2，出图后，图纸上的相应的字号为 2.5、3.5 和 5，见表 5-3。

表 5-3　文字设置

文字设置	图纸中用到的字号		
	2.5	3.5	5
图中相关字体	构筑物 / 建筑物局部说明； 尺寸标注	构筑物 / 建筑物名称； 图纸说明； 图表内容	图名称
模型中设置字号	$\dfrac{\dfrac{2.5}{2.5}}{1} = 1$	$\dfrac{\dfrac{3.5}{2.5}}{1} = 1.4$	$\dfrac{\dfrac{5}{2.5}}{1} = 2$

　　确定好图纸所需字号后，进行文字样式设置。AutoCAD 2021 有默认的标准文字样式"Standard"，绘图者在输入文字之前，首先应自定义文字样式，设置步骤如下。

● 命令方式：输入"STYLE"，按空格 / 回车键打开文字样式管理器（图 5-18）；

● 菜单方式：单击"注释"选项卡（图 5-17），单击文字模块右下角的斜箭头 ↘ ，打开文字样式管理器。

图 5-17　文字样式

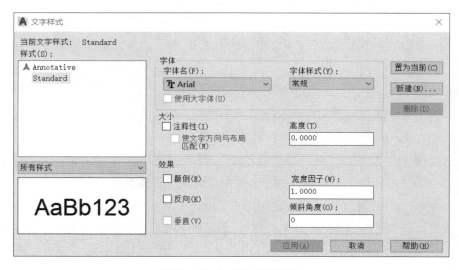

图 5-18　文字样式管理器

此时为系统默认文字样式，名称为"Standard"，字体为 Arial，高度为 0，宽度因子为 1.0，倾斜角度为 0 等。

● 单击文字样式管理器右侧的新建按钮 新建(N)... ，弹出新建文字样式对话框，输入自定义文字样式名称，如"平面图"（图 5-19），单击确定按钮后，"平面图"就会出现在样式"Standard"的下方（图 5-20）。

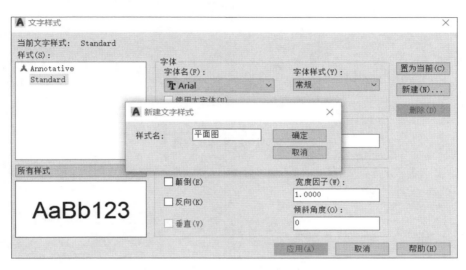

图 5-19　新建文字样式名称

图 5-20　新建文字样式名称显示

● 单击图 5-20 中"平面图"，此时对右侧具体参数进行修改，环境工程图纸中字体一般用长仿宋字，因此将字体名改为"仿宋"，宽度因子设为 0.75，保持高度为 1（图 5-21），单击对话框右侧"置为当前"后，出现"是否保存对话框"（图 5-22），单击保存，字体样式设置成功，图 5-23 为设置前后的字体样式对比。

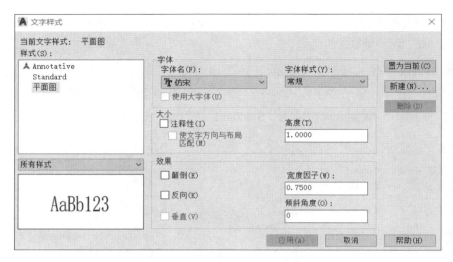

图 5-21　文字样式设置

图 5-22　保存对话框

图 5-23　文字样式设置前后对比

● 随后，这个名为"平面图"的文字样式就会出现在注释选项卡下方的文字面板文字样式下拉菜单中，且已经被选中（图 5-24）。此时输入文字，即为长仿宋字体，字号为 1，若需要设置不同字号，则直接在字号的下拉菜单中选择，或键盘输入字号即可（图 5-25）。

图 5-24　下拉菜单中的自定义文字样式

图 5-25　字号输入

- 创建后的文字样式可随时进行修改，修改后，所有采用该文字样式的字体都将同步更新为新设置，便于整体编辑修改。
- 同一幅图中可以新建多个文字样式，分别设置不同的字体、高度等，方便需要时调用。

需要注意的是，AutoCAD 2021 提供字体、标注、表格之间的文字样式共享功能，如上述例子中，设置好的"平面图"文字样式，可以在之后的尺寸标注及表格编辑时直接调用。因此，若文字样式中设置了高度（如图 5-21 中被设置为 1 mm），则后续尺寸标注及表格文字若调用"平面图"样式，字体高度将被自动设置为 1 mm，且不能更改。因此，在字体样式设置时，推荐字体样式中的字号为 0，字号在输入文字时设置（图 5-25），以免后续在标注、表格中调用文字样式时，对字号造成的影响。

创建文字时分为单行文字和多行文字。

（1）单行文字。

只有一行，所有文字都是一样的字体和高度。

对于不需要多种字体或多行的内容，可以创建单行文字。单行文字用于标签非常方便。

命令方式：TEXT，按空格 / 回车键。

（2）多行文字。

由任意数目的文字行或段落组成的，布满指定的宽度。

多行文字可以是不同的高度、字体、倾斜度、粗细等的文字。

可以沿垂直方向无限延伸。

多行文字的编辑选项比单行文字多，因为应用多行文字的编辑选项可以进行下画线、字体、颜色和高度的修改。

（3）多行文字向单行文字转换。

将多行文字变成单行文字方法：直接用分解命令"EXPLODE"即可完成。

（4）编辑文字。

● 命令方式：DDEDIT 或者 ED，按空格 / 回车键。

● 其他方式：在需要修改的文字上双击鼠标，即可进行修改。

（5）查找和替换文字。

● 命令方式：FIND，按空格 / 回车键。

● 菜单方式：命令【编辑】—【查找】。

● 直接将要查找内容输入到文字模块的查找文字框 平面 中。

命令执行后，弹出如图 5-26 的对话框，选择要查找的位置，进行查找或替换。

图 5-26　文字查找和替换

在图 5-16 构筑物轮廓图中输入文字后如图 5-27 所示。

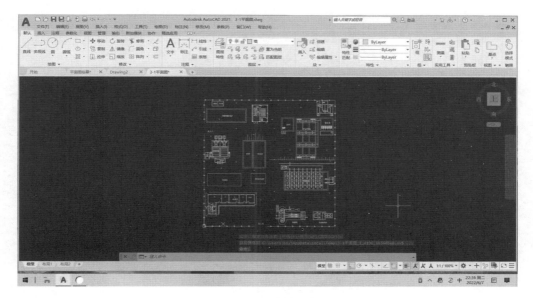

图 5-27　文字输入完成

5.2.7　设置标注样式及尺寸标注

前文 4.7 节中已经介绍了尺寸标注线的基本组成及相关要求。本处以附图 1-2 为例，介绍标注样式的设置方法。和自定义文字样式一样，在环境工程绘图过程中，一般也须自定义标注样式。

（1）标注样式。

● 命令方式：DIMSTYLE 或者 D，按回车 / 空格键。

● 菜单方式：单击【注释】—【标注】模块右下角的斜剪头 ↘ 。

这两种方法均可打开标注样式管理器对话框（图 5-28）。在此对话框中，显示了当前系统默认的标注样式"ISO-25"，对话框中间为该样式的预览图像，右侧一列包括以下几个功能按钮。

"置为当前"按钮：把选中的样式设置为当前使用状态，若此时在模型空间进行标注，标注样式即为选中的样式。

"新建"按钮：建立一个新的标注样式。

"修改"按钮：可以对已有的标注样式进行修改。

"替代"按钮：替代当前标注样式。

"比较"按钮：系统将弹出对话框，在下拉菜单中选择需要比较的标注名称，系统会对标注样式进行对比，并将区别显示在对话框中。

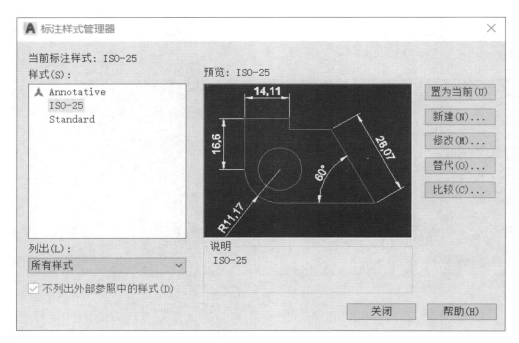

图 5-28　标注样式管理器

● 单击标注样式管理器右侧的 新建(N)... 按钮，弹出"创建新建标注样式"
对话框，输入自定义标注样式名称，如"平面图"（图 5-29），则自定义标
注样式"平面图"将在基础样式"ISO-25"基础上进行修改，单击右侧的
继续按钮，弹出"新建标注样式：平面图"（图 5-30）界面；在此设置界面
上，可对标注线、符号和箭头、文字、调整、主单位、换算单位及公差等逐
一进行设置。

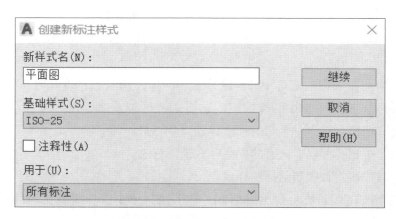

图 5-29　创建新标注样式对话框

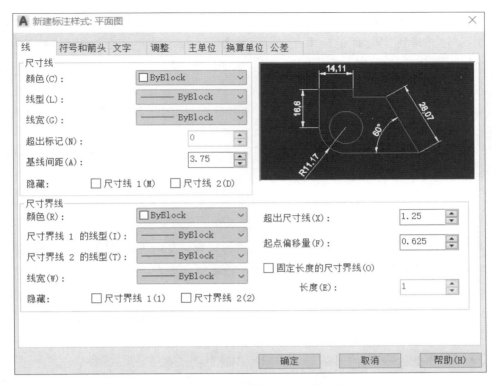

图 5-30 "新建标注样式：平面图"对话框

- "线"选项卡：标注线的每部分名称见图 5-31，读者在更改各部分参数时，要注意对话框右上部分示例图形的实时变化，以便确定设置的尺寸是否合适。

图 5-31 标注样式参数表示的内容

"尺寸线"选项组：颜色、线型、线宽通常默认选择随块（ByBlock）。随块，是指颜色、线型、线宽与当前层的特征一致，并且该特征可以在图层特性中进行更改。若在此对话框中设置了确定颜色、线型等参数，则在图层特性中将无法改变。

"基线间距"：基线间距就是两条基线之间的距离。在采用基线标注时，上一条尺寸线与当前尺寸线之间的距离一定要设置为大于标注数字高度的数值，否则两条基线尺寸的数值与尺寸线就会重叠。如本例中，标注数字字号为 1，则基线间距设置为 2 即可。

勾选隐藏后的尺寸线 1、尺寸线 2，将使图 5-31 中的尺寸线消失，若图面线条较多，可以选择将尺寸线隐藏，帮助图件清晰。

"尺寸界线"选项组：颜色、线型、线宽通常默认选择随块（ByBlock），需要时可勾选隐藏，使图 5-31 中尺寸界线消失。

"超出尺寸线"：该数值一般为标注数字字号的 1/2～1，如本例中，标注数字字号为 1，则超出尺寸线可设置为 0.5、0.7 或 1 等。

"起点偏移量"：为避免尺寸界线与构筑物轮廓交叉造成的识图干扰，该数值一般是标注数字字号的 1 倍以上，以标注之后清晰整齐为宜。如本例中，标注数字字号为 1，则起点偏移量（超出尺寸线）可设置为 1。

"固定长度的尺寸界线"：为保持整齐，也可将尺寸界线长度进行统一设定，勾选"固定长度的尺寸界线"复选框后，尺寸界线的长度将保持不变。

● "符号和箭头"选项卡：该部分设置内容见图 5-32。

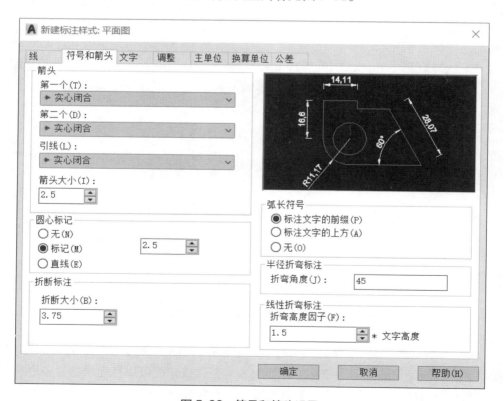

图 5-32　符号和箭头设置

"箭头"选项组：环境工程图纸中的箭头一般设置为"建筑标记"，引线为"实心闭合"，箭头大小一般不大于字号，本例中箭头大小可设置为 0.5、0.7、1 等（图 5-33）。

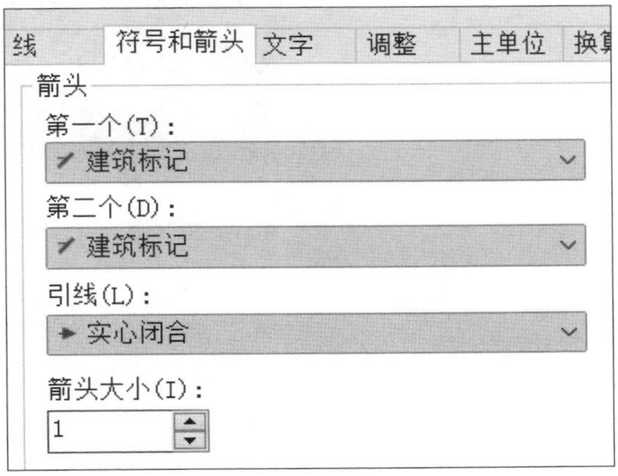

图 5-33　箭头设置

"圆心标记"选项组：设定圆心标记的类型和大小，标记大小一般与字号一致。

"弧长符号"选项组：控制弧长标注中圆弧符号是否显示，以及显示的位置。

● "文字"选项卡：该部分设置内容如图 5-34 所示。

"文字外观"选项组：单击文字样式右侧的下拉菜单，AutoCAD 在这里自动生成上文中设置的文字样式"平面图"，单击选中后，该文字样式即被应用于标注中，无须再次设置。

值得注意的是，文字高度只有在标注文字所使用的文字样式中的文字高度设定为 0 时，才可修改，一旦选用了带有字体高度信息的文字样式（见图 5-21），文字高度将无法直接修改。此时若单击平面图右侧的省略号按钮  平面图 ... ，系统会弹出平面图文字设置页面，在该页面可以修改高度。但此时若修改高度，则图中采用该样式的文字高度均会随之变化。可见，最灵活的方法还是将文字样式中字体高度设置为 0，在标注文字中仅引用该字体样式，高度另行设置。

文字颜色默认为"ByBlock"。

"文字位置"选项组：通常垂直方向设置为"上"，水平方向设置为"居中"。

"从尺寸线偏移"：通常为文字高度的 1/3～1/2，尤其当文字高度较大时，若偏移量太小，则尺寸线很容易与标注数值粘连在一起，影响数据识别，本例中此值设置为 0.5。

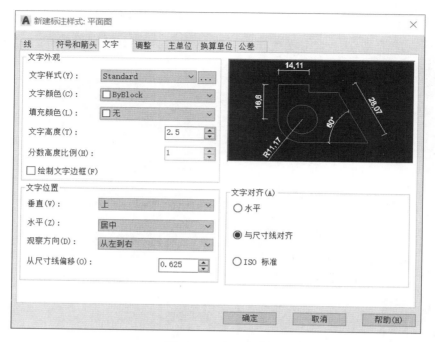

图 5-34　文字设置

- "调整"选项卡：可以指定标注文字、尺寸箭头及尺寸线间的位置关系、指定尺寸标注的总体比例，一般保持默认值即可（图 5-35）。

图 5-35　标注样式的"调整"选项卡

● "主单位"选项卡：可以指定尺寸数值的精度、指定比例因子等（图 5-36）。

图 5-36 标注样式的"主单位"选项卡

当图面以 mm 为单位绘图时，通常将精度取整，设为 0。

当图面以 m 为单位绘图时，通常精度保留小数点后两位，设为 0.00，小数分隔符改为句点型（图 5-37）。

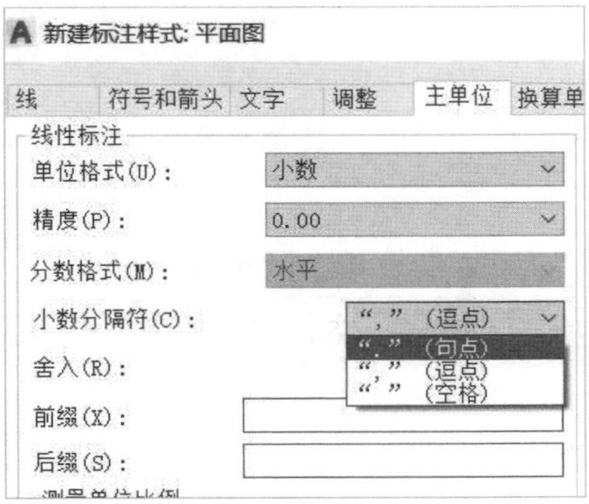

图 5-37 小数分隔符

● "换算单位"选项卡：可以设置不同单位尺寸的精度和尺寸间的换算格式（图 5-38）。通过换算单位设置，可以换算使用不同单位制的标注，通常显示英制标注的等效公制标注，或公制标注的等效英制标注。在标注文字时，换算标注单位显示在主单位旁边的括号中。默认情况下该选项卡的所有内容都呈不可用状态，只有选中"显示换算单位"复选框后，该选项卡的其他内容才可使用。

图 5-38 "换算单位"选项卡

在"换算单位"选项卡中，可以设置单位换算的"单位格式"和"精度"。各选项含义如下所示。

单位格式：下拉列表框用于设置换算单位格式，与主单位一样，可以设置成小数、工程和科学等。

精度：下拉列表框用于设置换算单位的小数位数。

换算单位倍数：文本框可以指定一个倍数作为主单位和换算单位之间的换算因子。

舍入精度：在文本框内可设置除角度之外所有类型标注进行换单位算的舍入规则。

前缀和后缀：可分别为换算标注文字指定一个前缀或者一个后缀。

在"消零"选项组中可以设置不输出的前导零和后续零，以及值为零的标注。

在"位置"选项组中可以设置换算单位的位置。【主值后】和【主值下】选项分别表示将换算单位放在主单位后面和下面。

● "公差"选项卡：指定公差格式、换算单位尺寸精度等（图 5-39）。

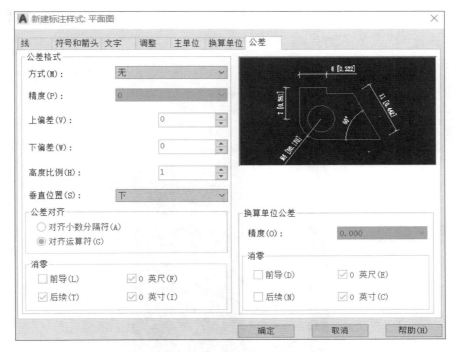

图 5-39 "公差"选项卡

全部设定好后，单击确定按钮，则名称为"平面图"的标注样式出现在"ISO-25"标注样式的下方，单击选中"平面图"标注样式后，单击右侧的"置为当前"，则在图中进行标注时，即为自定义标注样式。此时菜单栏中【注释】—【标注】的当前样式为"平面图"标注样式（图 5-40）。

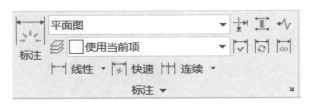

图 5-40 当前标注

（2）标注方式。

一幅环境工程设计图中用到的标注方式有线性标注、直径标注、半径标注、角度标注、对齐标注、连续标注、基线标注等，主要用法如下。

● 线性标注。

命令方式：DIMLINEAR 或者 DLI，按空格／回车键。

菜单方式：单击图 5-40 中的线性按钮，指定两点，即可完成标注。

图 5-40 单击线性按钮右侧小黑三角打开下拉菜单，可选择其他标注样式，如角度、弧长、半径等进行标注（图 5-41）。

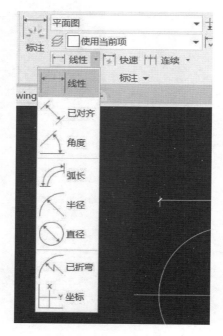

图 5-41　线性标注

● 直径标注。

命令方式：DIMDIAMETER 或者 DDI，按空格 / 回车键。

直径标注主要是针对圆形，进行标注。选择需要标注的圆，即可完成标注。

● 半径标注。

命令方式：DIMRADIUS 或者 DRA，按空格 / 回车键。

半径标注主要用于圆弧的半径标注。选择需要标注的圆，即可完成标注。

● 角度标注。

命令方式：DIMANGULAR 或者 DAN，按空格 / 回车键。

角度标注用于标注角度。依次选择构成角的两边，即可完成标注。

● 对齐标注。

命令方式：DIMALIGNED 或者 DAL，按空格 / 回车键。

调用后，选择待标注的两点即可完成标注。

对齐标注和线性标注的区别在于，线性标注是平行 X 轴或者 Y 轴的，而对齐标注是平行对象本身的。

● 连续标注。

连续标注用于产生一系列连续的尺寸标注，后一个尺寸标注均把前一个标注的第二条尺寸界线作为它的第一条尺寸界线。连续标注适用于线性标注、角度标注和坐标标注。

命令方式：DIMCONTINUE 或者 DCO，按空格 / 回车键。

在 CAD 中先标注第一个标注尺寸，在命令行输入"DCO"，按空格 / 回车键；或者单击"标注"面板中的 连续 ，调用连续标注命令。

然后依次单击连续标注尺寸中每个尺寸标注的第二条尺寸界限的原点。

按 ESC/ 空格 / 回车键结束连续标注。

● 基线标注。

基线标注用于产生一系列基于同一尺寸界限的尺寸标注，适用于线型标注、角度标注、对齐标注与坐标标注。

命令方式：DIMBASELINE 或者 DBA，按空格 / 回车键。

调用时要先标注基线标注的第一个标注尺寸，命令行输入"DBA"，按空格 / 回车键；或者单击"标注"面板中的 基线 ，调用基线标注命令。

依次捕捉指定下一个尺寸界线的原点，实现基线连续标注。

按"ESC"键、空格 / 回车键，结束基线标注。

将图 5-27 进行标注完成后，得到图 5-42。

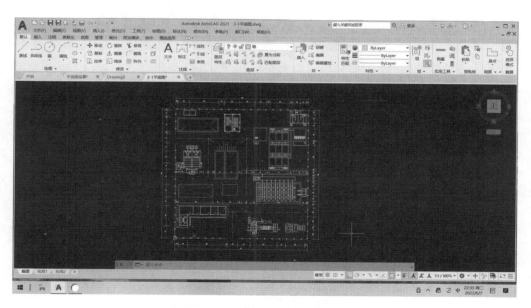

图 5-42　标注完成后的临摹图

5.2.8 设置表格样式与创建表格

和自定义文字样式、标注样式一样，在环境工程绘图过程中，一般也对用到的表格样式进行自定义。

表格样式自定义方法如下。

● 命令方式：输入"TABLESTYLE"，按回车 / 空格键。

菜单方式：单击工具栏中【注释】—【表格】模块右下角的斜箭头 ↘ 。

这两种方式均可打开"表格样式"管理器对话框（图 5-43 ）。

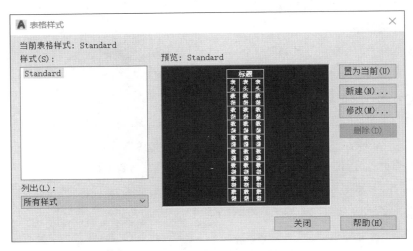

图 5-43 "表格样式"管理器

在此对话框中，显示了当前的表格样式的名称"Standard"，对话框中间为该样式的预览图像，右侧一列为功能按钮。

"置为当前"按钮：把选定的样式设置为当前使用状态，此后在模型空间创建新表格，表格样式即为当前样式。

"新建"按钮：建立一个新的表格样式。

"修改"按钮：对已有的表格样式进行修改。

"删除"按钮：删除选中的表格样式。

● 单击"表格样式"管理器右侧的 新建(N)... 按钮，弹出新建表格样式对话框，输入自定义表格样式名称，如"平面图"（图 5-44），则自定义表格样式"平面图"将在基础样式"Standard"的基础上进行修改，单击右侧的继续按钮，弹出"新建表格样式：平面图"（图 5-45）界面；在此界面上，用户可根据需要对表格方向以及数据、表头、标题的样式、文字及边框等逐一设置。

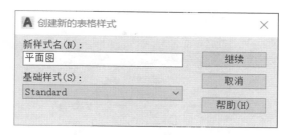

图 5-44　创建新的表格样式

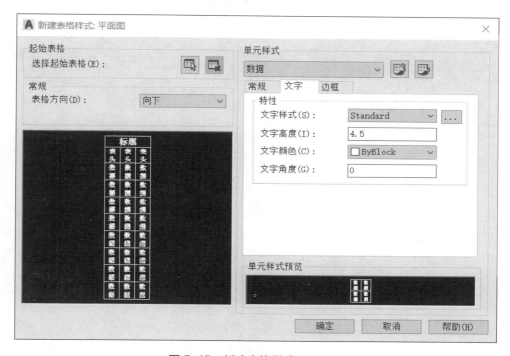

图 5-45　新建表格样式：平面图

"起始表格"选项组：由用户指定一个已有表格作为新建表格样式的基础，新表格在此样式的基础上进行修改。单击 按钮，AutoCAD 2021 会临时切换到模型空间并提示选择表格。

"常规"选项组：通过表格方向列表框设置表格的方向。有"向下"及"向上"两个选项。其中"向下"代表表头在上方，数据在下方；"向上"代表表头在下方，数据在上方。

"单元样式"选项组：确定单元格的样式。表格中的单元格样式可以分为三类：标题、表头及数据（图 5-46），通过在对应的下拉列表中选择要设置的选项，逐一进行常规［图 5-47（a）］、文字［图 5-47（b）］及边框［图 5-47（c）］特性的设置。

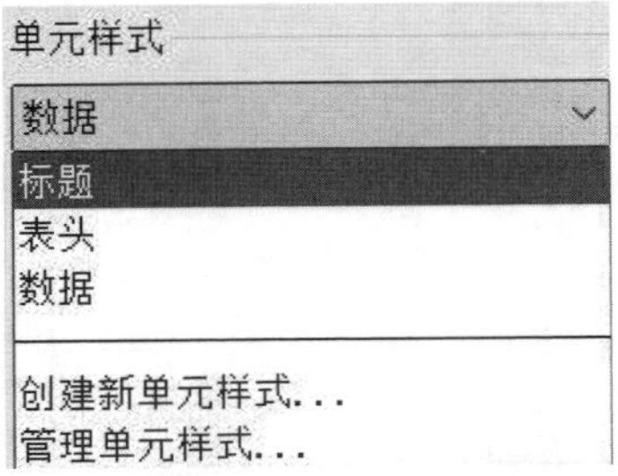

图 5-46　单元样式内容切换

　　（a）　　　　　　　　　　（b）　　　　　　　　　　（c）

图 5-47　单元样式

　　"常规"选项卡：环境工程图纸中表格一般"填充颜色"选"无"；"对齐"选择"正中"，数据单元"对齐"可选择"左中"或"正中"；"格式"选择常规；"页边距"的设置决定了表格的稀疏程度，水平页边距数值大小决定了每个单元格中文字的缩进量，垂直页边距数值大小决定了上下单元格之间的行间距，用户可根据图纸空间自行设置，设置时一般以字号大小为参考，以清晰、紧凑为宜。

　　"文字"选项卡：单击文字样式下拉菜单，将看到前文设置的"平面图"文字样式，可直接选择使用，如前所述，由于文字样式设置过程中设置了字体高度，因此，选中"平面图"文字样式后，字体高度默认为1，且不能直接修改。若此时觉得字体过小或过大，需要修改，则单击省略号按钮 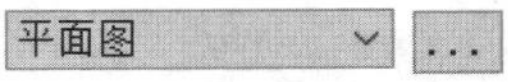 平面图 ∨ … ，便可在"平面图"样式基础上修改文字高度。但此时若修改高度，则图中所有采用该样式的文字高度均会随之变化。由此可见，最灵活的方法还是将文字样式中字体高度设置为0，在标注样式、表格样式中仅引用该字体样式，高度自行设置。

　　"边框"选项卡：用于设定线宽、线型、颜色等，一般设置为随块；标题一般不显示边框线，表头和数据显示边框线。

　　全部设置完成后，单击对话框下面的确定按钮，完成表格样式设置，此时"表格样式"管理器对话框自动选中新建表格样式，继续单击置为当前按钮，则自定义表格样式处于当前。此时，菜单栏注释选项卡中表格面板的默认样式由"Standard"变为"平面图"。此时单击该模块中的 ⊞表格 按钮，或在命令窗口输入创建

表格命令"TABLE"或其缩写"TB"，即可插入样式为"平面图"的新表格，"插入表格"对话框见图 5-48。

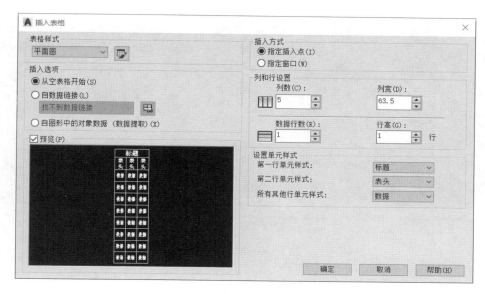

图 5-48　插入表格

该对话框用于选择表格样式、设置表格相关参数等。

"表格样式"选项组：默认为当前表格样式，若定义了多个表格样式，则可通过下拉菜单选择。

"插入选项"选项组："从空表格开始"表示插入一个没有数据的表格，插入后填写数据；也可以选择"自数据链接"，通过 Excel 的数据来建立表格；"自图形中的对象数据（数据提取）"选项此处不详述。

"插入方式"选项组："指定插入点"，就是通过鼠标选点来确定表格左上角的起始点位置；"指定窗口"，可以通过输入坐标值，指定表格的大小和位置。

"列和行设置"选项组：设置要插入表格的列数、行数、列宽、行高等。

"设置单元样式"选项卡：设置第一行、第二行和其他行的内容类型。

图 5-42 插入表格后如图 5-49 所示，到此，临摹图形在模型空间的操作基本完成，下一步将切换至布局空间，绘制图框。

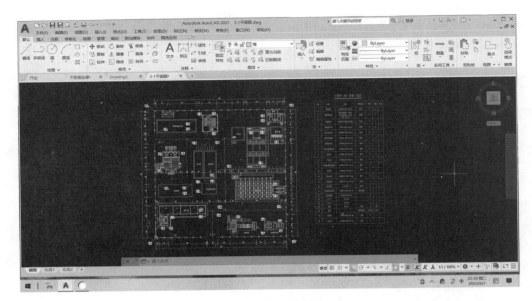

图 5-49　插入表格后

5.2.9　布局设置

建议初学者利用布局空间打印出图，可分为三个步骤进行：第一步，将布局设置为合适的图纸大小；第二步，调整视口比例，使图形充满图纸；第三步，打印出图。

单击界面左下角的标签 模型　**布局1**　布局2　+ 即可完成 AutoCAD 从模型空间到布局空间的切换。系统默认布局空间为白色。如图 5-50 所示，进入布局空间后，AutoCAD 会自动在页面上创建一个视口，视口线为矩形，单击视口线出现蓝色角点，可以拖动放大或缩小，在角点单击鼠标右键可以删除，也可以单击菜单栏【视图】—【视口】—【新建视口】，在页面上创建多个视口。

仔细观察，视口外围，沿白色边缘还有一个颜色较浅的矩形虚线框，该框为打印边界线，在虚线框之内的内容可以打印，超过虚线框的内容不能被打印。若图中内容较多，虚线框以内无法覆盖，则需要对打印边界线进行调整，此操作会在下文页面设置中详细介绍。

单击菜单栏【输出】—【页面设置管理器】（图 5-51），弹出"页面设置管理器"对话框（图 5-52），页面显示当前布局 1 的详细信息，打印大小为 A4 图纸。此时单击右侧的新建按钮，设置一个新的页面，弹出对话框提示输入新页面设置名，此处使用者可自己命名，如本案例命名为"平面图 A3"，基础样式为布局 1（图 5-53），单击确定按钮，弹出布局 1 的页面设置（图 5-54）。

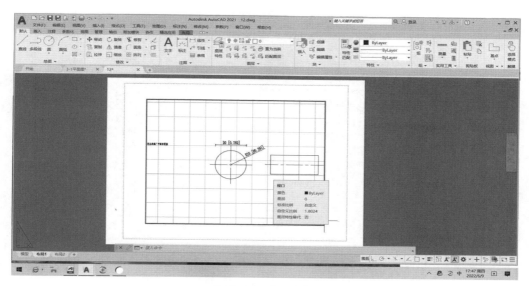

图 5-50　布局空间

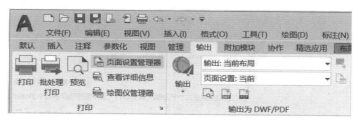

图 5-51　输出

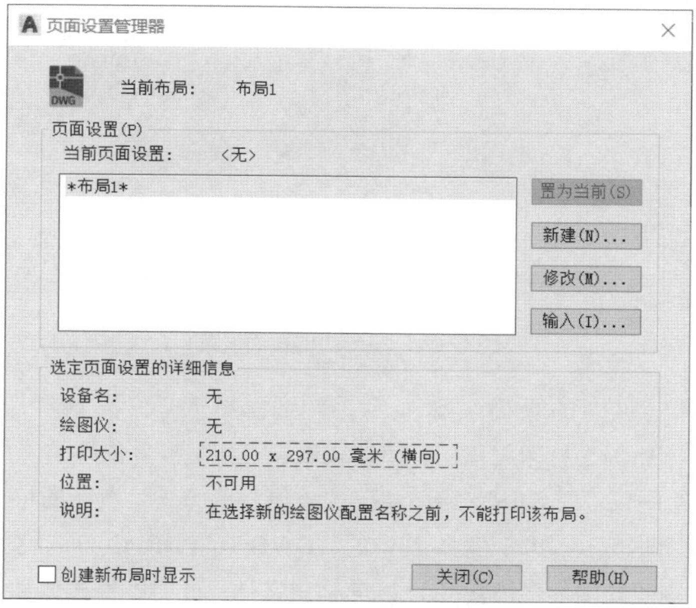

图 5-52　页面设置管理器

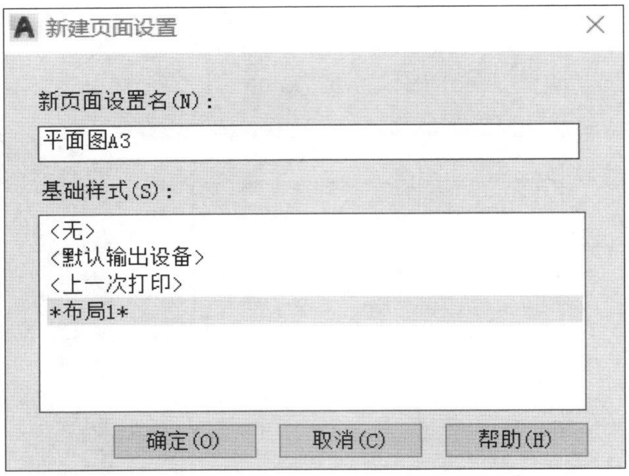

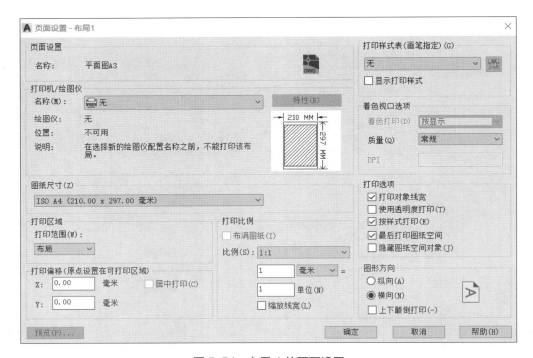

图 5-53　新建页面设置

图 5-54　布局 1 的页面设置

　　此时，图 5-54 中的页面名称显示为"平面图 A3"，设置打印机 / 绘图仪、图纸尺寸、打印比例、打印偏移、打印样式表、打印选项等内容。

　　打印机 / 绘图仪："打印机 / 绘图仪"选项组默认为无，右侧的特性按钮呈灰色不可选状态。单击下拉菜单，选择其中的"DWG TO PDF.PC 33"（图 5-55），在此情况下，布局空间的图形会被转换为 PDF 格式文件，此时特性按钮被激活，可以在其中进行如上文所述的打印边界线等的设置。

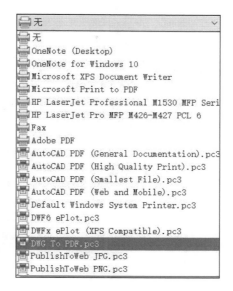

图 5-55　打印机选项

特性按钮：单击特性按钮，系统弹出对应打印机名称的绘图仪配置编辑器对话框（图 5-56），选中"修改标注图纸尺寸（可打印区域）"后，在下方的"修改标注图纸尺寸"栏中选中要修改的图纸型号。此处我们用 ISO A3 图纸出图，选中此图纸型号后，单击右侧的修改按钮，在弹出的对话框（图 5-57）中，把上下左右都设置为 0，然后单击两次"下一页"，最后单击完成按钮确认，可打印区域设置完成。

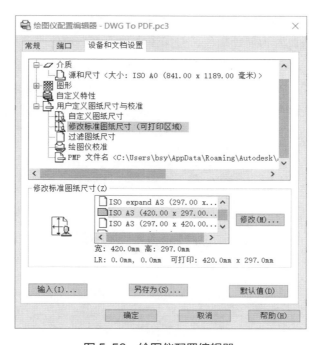

图 5-56　绘图仪配置编辑器

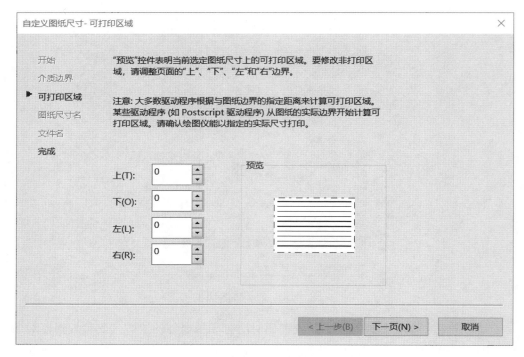

图 5-57　可打印区域

"图纸尺寸"选项组：单击图纸尺寸下拉菜单，选择 ISO A3 图纸、打印比例为 1：1、1 毫米 =1 单位。

"打印样式表"选项组：选择 monochrome.ctb（图 5-58），单色打印，此时，无论图层中的线条设置为何种颜色，打印出来均为黑白单色。

设置好之后，单击确定按钮，将"平面图 A3"置为当前，并关闭页面设置管理器，再观察布局 1 空间，由图 5-50 变为图 5-59 的样式，图纸面积变大，视口变小，可打印边界线消失。

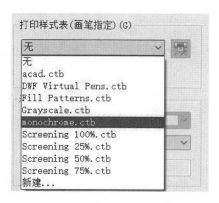

图 5-58　打印样式表

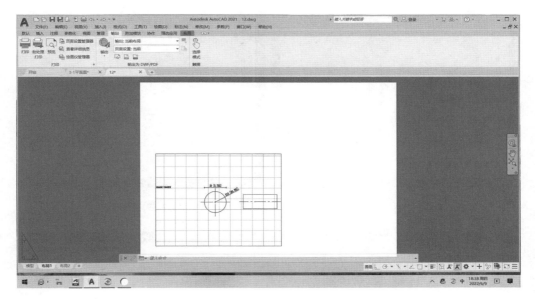

图 5-59　调整后的布局

5.2.10　图框绘制

按本书第 4 章所述在如图 5-59 的布局中绘制 A3 图框（长度为 420 mm，宽度为 297 mm），绘制步骤如下。

● 首先单击视口线，出现蓝色角点后，拖动蓝色角点，将视口放大到图纸外围。

● 将光标移动到视口内侧，双击，视口线由细线变为黑色粗实线，此时滚动鼠标滚轮，A3 图纸大小保持不变，图纸上绘制的图形随着滚轮的滚动放大或缩小，若在此情况下绘制图框，则图框仍然是绘制在模型空间。

● 在视口外侧双击，视口线由粗实线变回细实线，此时滚动鼠标滚轮，A3 图纸随着鼠标滚轮滚动放大或缩小，而图纸上绘制的图形大小相对图纸保持不变，在此情况下绘制图框，图框才绘制在布局空间中。由此可见，在布局空间中，能够通过双击视口内外侧实现布局空间与模型空间的切换，两种状态下视口线的对比如图 5-60 所示。

● 在视口线为细实线时的状态下，绘制图框。首先切换到图框所在图层，绘制长度为 420、宽度为 297 的矩形作为图框的外框，线宽设置为随层。随后向内侧偏移，如表 4-1 所示，a 的距离为 25，c 的距离为 5，完成内框的绘制，线宽设置为 1.0 mm。以内框右下角为角点，绘制长度为 180、宽度为 40 的标题栏矩形框，线宽为 0.7 mm。绘制完成的图框如图 5-61 所示。

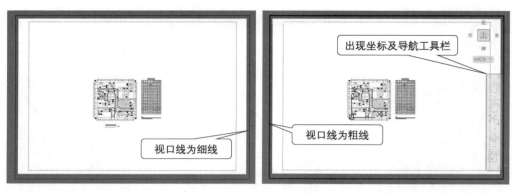

图 5-60　视口线的变化（左图为布局空间，右图为模型空间）

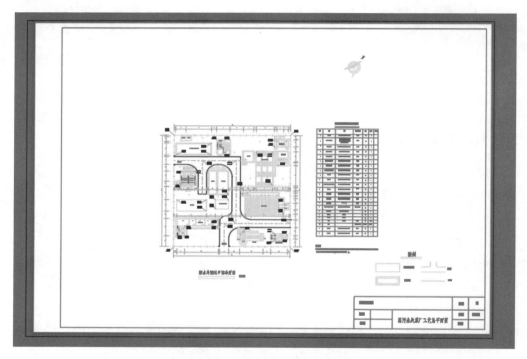

图 5-61　绘制完的图框示意

5.2.11　画图比例设置

图框绘制完成后，在视口内部双击，在视口线变为粗实线情况下，单击调整界面右下角的视口比例（图 5-62），若比例设为 2.5：1，图面充满整个图纸空间，比例合适，则视口比例为 2.5：1。临摹本图时，是以 m 为单位画图，因此画图比例为 1：1 000，按照本书第 4.4 节介绍图纸比例的计算方法，则本平面图的图纸比例为

$$图纸比例（标题栏中比例）= 画图比例 \times 视口比例 \times 打印比例$$

$$= \frac{1}{1\,000} \times \frac{2.5}{1} \times \frac{1}{1} = \frac{1}{400}$$

因此，标题栏中的比例应写为 1：400，该比例仅限于 A3 图纸出图，若为 A2 或 A1 等图纸出图，则该比例会随视口比例的变化而变化，但计算方法相同。

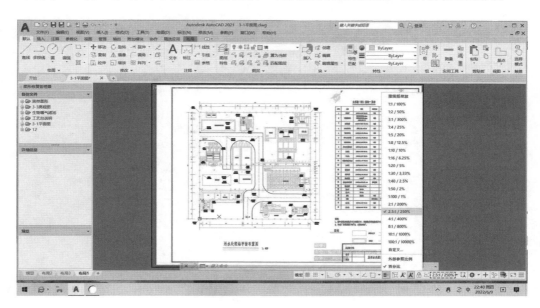

图 5-62　调整视口比例

5.2.12　打印出图

到此为止，污水处理厂平面布置图临摹完成，下一步进行打印出图，单击菜单栏【输出】—【打印】（图 5-63），弹出打印对话框（图 5-64）。因上文已经进行了页面设置（图 5-54），此时只需选择打印区域即可。单击"窗口"打印（图 5-65），系统切换到布局页面，用鼠标框选所要打印区域，如视口的对角，打印区域设置完成，单击确定按钮，图纸便以 PDF 格式弹出，便于用户保存。预览不满意可以重新调整打印样式，直到满意为止。

图 5-63　图纸打印

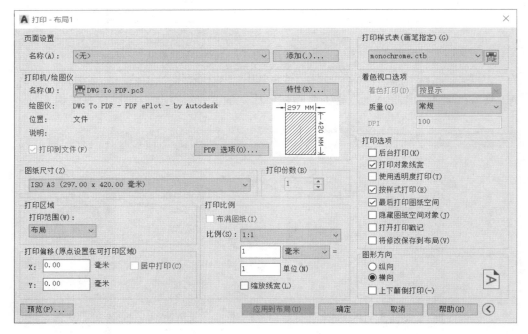

图 5-64 "打印"选项卡

图 5-65 打印区域选择

5.2.13 以外部参照形式插入图框

可以将绘制好的图框以外部参照形式存储，当图纸绘制完成后，采用插入外部参照的形式插入图框，方便快捷。这种方式在修改图框时也可以节省很多工作量。例如，想把出图日期由 2021 年 12 月改成 2022 年 12 月，需要打开每张图纸对图框内容进行修改，如果这套图纸有几十张，就需要反复打开、修改、保存，工作烦琐也容易遗漏。此时，若图框是以外部参照形式插入的，则只需在外部参照中修改好，图纸中的图框就会自动更改，节省了很多时间。

创建外部块和插入外部参照的步骤如下。

● 在命令窗口输入"WBLOCK"或缩写"WB"，按空格/回车键，打开"写块"对话框（图 5-66）。

图 5-66 创建外部块

- 单击"基点"选项组中的拾取点按钮 ，系统提示"选择插入块时的指定基点"，如选择图框的外框左下角作为拾取点，单击外框左下角后，对话框中基点的 X、Y、Z 自动赋值。
- 单击对象选项组中的选择对象按钮 ，系统提示在屏幕上选择创建为块的元素，用鼠标框选图框，按回车确定。
- 在"目标"区域，确定外部块文件名和存储路径，如将文件保存在桌面上，文件名名称改为"A3"，单击确定按钮，桌面上就会出现外部块文件（图 5-67）。

图 5-67 外部块图标

- 打开一个 CAD 文件的布局空间，单击菜单栏【插入】—【外部参照】，系统弹出"外部参照"对话框（图 5-68），单击左上角的图标（图 5-69），选择"附着 DWG",系统弹出"选择参照文件"对话框(图 5-70),选择存储在桌面上的"A3.dwg"文件,单击打开按钮,出现"附着外部参照"对话框(图 5-71)。

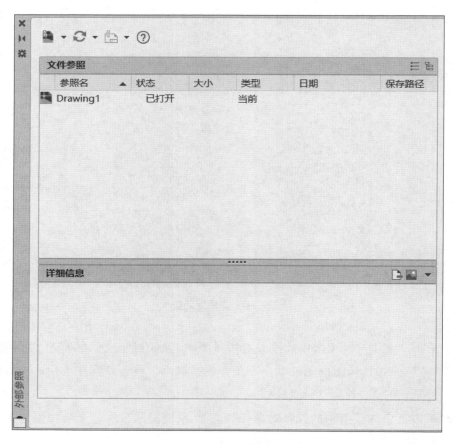

图 5-68　外部参照对话框

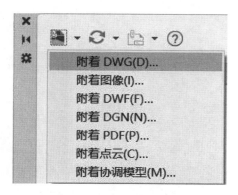

图 5-69　外部参照来源图标

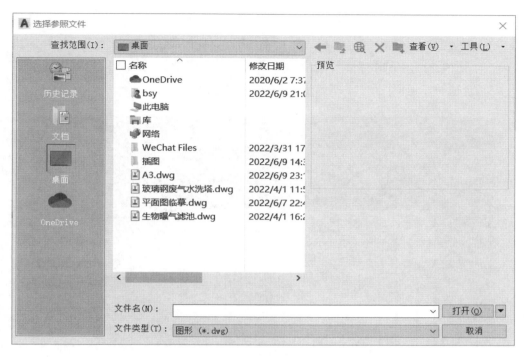

图 5-70　选择参照文件

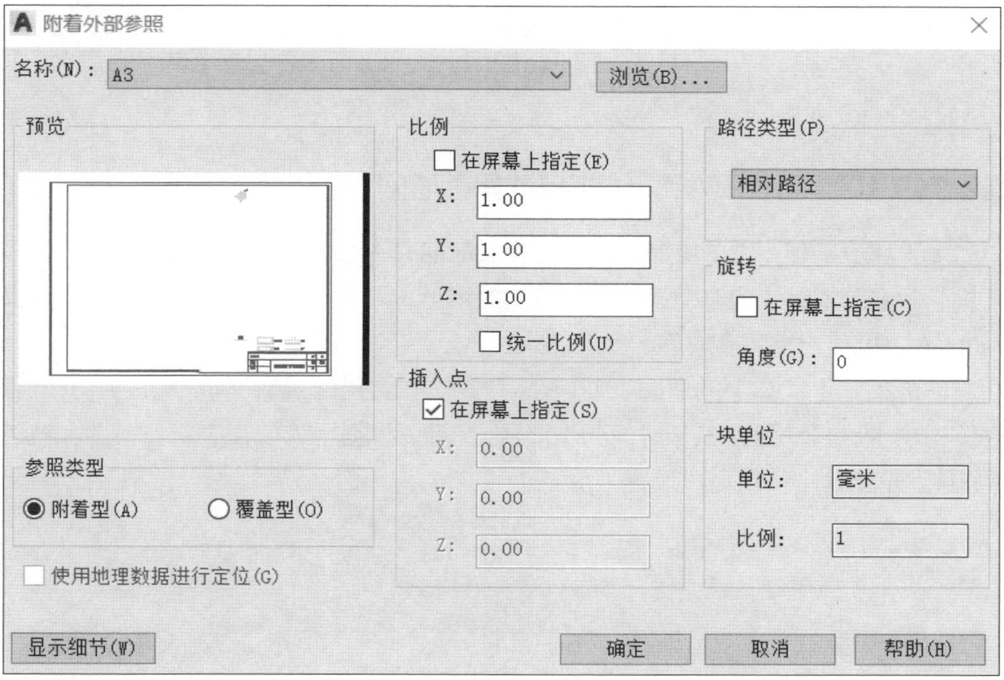

图 5-71　附着外部参照设置

● 根据外部参照插入时是否需要缩放，是否需要旋转等，设定好比例及旋转角度等参数，单击确定按钮，随后在打开的新布局空间中出现插入的外部块（图 5-72），单击视口右下角的基点，即可完成图框的插入。当图框比例不合适时，返回图 5-71 所示步骤，重新设置比例即可。

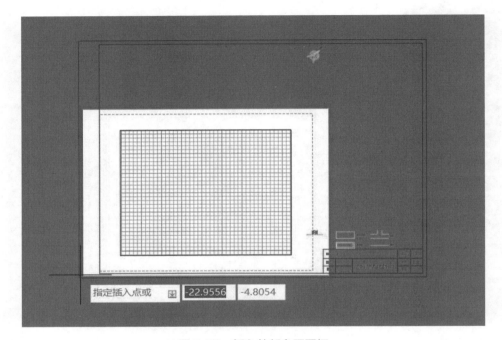

图 5-72　插入外部参照图框

5.2.14　设置 AutoCAD 2021 自动保存时间

由于环境工程图纸的绘制通常需要较长时间，在绘图过程中偶尔会遇到计算机死机、断电等情况，为避免丢失已经绘制的图形，可使用自动保存功能，并自定义 AutoCAD 2021 自动保存时间。

单击菜单【工具】—【选项】（图 5-73）。在弹出的对话框中单击"打开和保存"选项卡，自动保存默认时间为 10 分钟，可以根据个人习惯进行修改，如改为 5 分钟，单击确定按钮完成设置（图 5-74）。

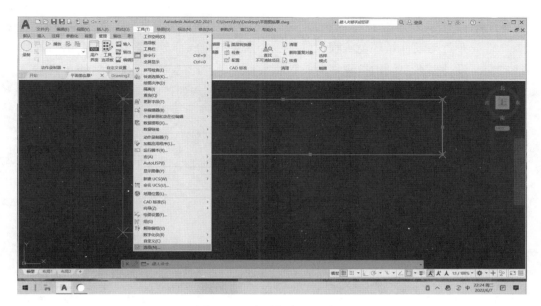

图 5-73 自动保存工具选项

图 5-74 自动保存时间设置

5.3 污水处理厂 / 站管线图

5.3.1 管线图布置与设计内容

与城市的建筑物之间用道路连接一样，环保处理设备、构筑物之间的物料输送也多是通过管线进行的。

管线布置与设计是环境工程设计中一个重要的组成部分，污水处理厂/站的管线布置与设计是在完成构筑物平面、立面布置之后进行的一项工作。管线布置与设计的主要内容包括管材种类、管径、阀门的选择与管线的长度、坡度计算等内容。

（1）管材种类。

管材种类有很多，包括钢管、有色金属管、搪瓷管、陶瓷管、有衬钢管、聚氯乙烯管、混凝土管、石棉压力管等，每种管材输送的介质种类不同，适用范围、压力、温度等也各不相同。

1）钢管。

钢管有铸铁管、硅铁管、镀锌管和无缝钢管。

铸铁管常用作污水管，不能用于输送蒸汽及有压爆炸性、毒性气体。其公称直径有 50 mm、75 mm、100 mm、125 mm、150 mm、200 mm、250 mm、300 mm、350 mm、400 mm、450 mm、500 mm、600 mm、700 mm、800 mm、900 mm 和 1 000 mm 等尺寸，联结方式有承插式、单端法兰式和双端法兰式 3 种，联结件和管子一起铸造。

硅铁管包括高硅铁管与抗氯硅铁管等，高硅铁管能耐强酸，含钼的抗氯硅铁管可用于不同浓度、温度盐酸的输送，适用于输送公称压力 0.25×10^5 MPa 以下的腐蚀性介质。

镀锌管常用于水、压缩空气、煤气、低压蒸汽和凝液及无腐蚀性物料的输送，分为普通型（公称压力＜1 MPa）和加强型（公称压力＜1.6 MPa）两种。镀锌管对工作温度有限制，极限工作温度为 175℃，且不得用于输送具有爆炸性和毒性的介质。

无缝钢管可用于输送有压力的物料如水蒸气、高压水、过热水等，还可输送具有可燃性、爆炸性或毒性的物料，其极限工作温度为 435℃。若输送强腐蚀性或高温介质（900～950℃），则使用以合金钢或耐热钢制成的无缝钢管，如镍铬钢能耐硝酸与磷酸的腐蚀，但不宜输送具有还原性的介质。

2）有色金属管。

有色金属管有铜管、铝管等。铜管分黄铜管与紫铜管，多用作低温管道（冷冻系统）、仪表的测压管线或作为传送有压力液体（油压系统、润滑系统）的管道。不宜应用于温度大于 250℃的压力管道。

铝管多用作耐腐蚀性介质管道、食品卫生管道及有特殊要求的管道。铝管输送的介质操作温度在 200℃以下，当温度高于 160℃时，不宜在压力下使用。铝管的特点是重量轻，不生锈，但机械强度较差，不能承受较高的压力，铝管常用于输送浓硝酸、醋酸、脂肪酸、过氧化氢等液体及硫化氢、二氧化碳气体。它不耐碱及含氯离子的化合物，如盐水和盐酸等介质。

3）其他管材。

其他管材还有搪瓷管 / 陶瓷管、有衬钢管、聚氯乙烯管、混凝土管、石棉压力管等。

搪瓷管和陶瓷管有很好的耐腐蚀性，来源广泛，价格便宜，但具有脆性，强度差，不耐温度剧变，常用作非腐蚀性介质的下水管或通风管道。

有衬钢管主要用于输送腐蚀性介质，由于有色金属较稀少且价格较高，故可用有衬里的钢管来替代有色金属管道。有衬钢管衬里的材质有铝、铅等金属，也有搪瓷、玻璃、橡胶或塑料等非金属。

聚氯乙烯对于任何浓度、各种类型的酸、碱和盐都是稳定的，但对强氧化剂、芳香族碳氢化合物、氯化物及碳氧化物不稳定。聚氯乙烯管可用于输送 60℃ 以下的介质，也可用于输送 0℃ 以下的液体。常温下轻型管材的工作压力不超过 0.25 MPa，重型管材（管壁较厚）的工作压力不超过 0.6 MPa。该材料的优点是轻、抗腐蚀性能好、易加工，但耐热性差。

混凝土管有普通型、轻型和重型 3 种，主要用于重力排水。混凝土管材特点在于制造容易，价格便宜，但不承压。

石棉压力管是输送有压力介质的管道。

（2）管径。

管道直径的大小可用管道外径、内径等作为定性尺寸，单位一般为"mm"，图纸上的管径标注符号有 DN、De、D、d、ϕ 等，含义如下：

DN（Nominal diameter）：公称直径，又被称为平均外径，是外径和内径的平均值。工程上常用公称直径来表示外径相同而内径相近（但不一定相等）的管道的直径大小，在图纸上用 DN 标注，如：DN300，表示公称直径为 300 mm。

De（External diameter）：管道外径，在涉及壁厚的情况下，通常使用 De 来标注管径。标注形式为 De 外径 × 壁厚，如：De110×6，表示管道的外径为 110 mm，壁厚为 6 mm。

D：一般指管道内径。钢筋混凝土（或混凝土）管、陶土管、耐酸陶瓷管、缸瓦管等管材，宜以内径标注。

d：一般指混凝土管道内径。如 d230、d380，表示管道内径为 230 mm、380 mm。

ϕ：通常用来表示无缝钢管或有色金属管的管道外径，标注形式为 ϕ 外径 × 壁厚，如：$\phi25×3$，表示管道外径为 25 mm，壁厚为 3 mm。

（3）阀门。

1）阀门按用途可分为以下几类：

①关断类。这类阀门只用来阻断或接通流体，如截止阀、闸阀、球阀等。

②调节类。这类阀门用来调节介质的流量或压力，如调节阀、减压阀和节流阀等。

③保护门类。这类阀门用来起某种保护作用，如安全阀、逆止阀及快速关闭阀等。

2）阀门按压力可分为以下几类：

①低压阀，PN≤1.6 MPa（16 kg/cm²）。

②中压阀，PN =2.5～6.4 MPa（25～64 kg/cm²）。

③高压阀，PN =10～80 MPa（100～800 kg/cm²）。

④超高压阀，PN≥100 MPa（1000 kg/cm²）。

⑤真空阀，PN 低于大气压力。

3）阀门按工作温度可分为以下几类：

低温阀：$t<-30℃$。

常温阀：$-30℃≤t<120℃$。

中温阀：$120℃≤t≤450℃$。

高温阀：$t>450℃$。

4）阀门按驱动方式可分为以下几类：

手动阀、电动阀、气动阀、液动阀等。

5）污水处理系统的常用的阀门主要有：

蝶阀（手动蝶阀、气动蝶阀、电动蝶阀）、闸阀、隔膜阀（手动、气动）、截止阀、止回阀、球阀、减压阀、安全阀等。

①蝶阀。

蝶阀是用随阀杆转动的圆形蝶板做启闭件，以实现启闭动作的阀门。蝶阀主要做截断阀使用，也可被设计成具有调节功能或兼具阻断和调节功能的阀门。蝶阀主要用于低压大中口径管道上。

蝶阀的主要优点：

a. 结构简单、长度短，体积小、质量轻，与闸阀相比质量可减轻一半，夹式蝶阀这些优点尤其显著。

b. 流体阻力小。中大口径的蝶阀，全开时有效流通面积较大。

c. 启闭方便迅速且比较省力。蝶阀旋转 90° 即可完成启闭。由于转轴两侧蝶板受介质作用力近乎相等，而产生的转矩方向相反，因此启闭力矩较小。

d. 低压下可实现良好的密封。大多蝶阀采用橡胶密封圈，故密封性能良好。

e. 调节性能良好。通过改变蝶板的旋转角度可以较好地控制介质的流量。

蝶阀的主要缺点：受密封圈材料的限制，蝶阀的工作温度和使用压力范围较小。大部分蝶阀采用橡胶密封圈，工作温度受到橡胶材料的限制。随着密封材料的发展及金属密封蝶阀的开发，蝶阀的工作温度及使用压力范围将有所扩大。

②闸阀。

闸阀也称闸板阀，是依靠密封面高度光洁、平整一致的闸板相互贴合来阻止介质流过，并依靠顶楔来增加密封效果。其关闭件沿阀座中心线垂直方向做直线升降运动以接通或截断管路中的介质。

闸阀的主要优点有以下几点。

a. 流体阻力小。闸阀阀体内部介质通道是直的，介质流经闸阀时不改变流动方向，因而流动阻力较小。

b. 启闭较省力。启闭时闸板运动方向与介质流动方向相垂直。与截止阀相比，闸阀的启闭较为省力。

c. 介质流动方向一般不受限制。介质从闸阀两侧以不同方向流过，均能达到接通或截断的目的。

d. 便于安装，适用于介质的流动方向可能改变的管路。

闸阀的主要缺点有以下几点。

a. 闸阀启闭行程和时间长，由于开启时须将闸板完全提升到阀座通道上方，关闭时又须将闸板全部落下挡住阀座通道，所以闸板的启闭行程很长，启闭高度也相应增加，时间相应延长。

b. 密封面易擦伤。启闭时闸板与阀座相接触的两个密封面之间有相对滑动，在介质作用下容易擦伤，从而破坏密封性能，影响使用寿命。

③隔膜阀。

隔膜阀是一种特殊形式的截断阀，其内部结构与其他阀门的主要区别在于无填料函，其启闭件是一块用强度或耐磨度较高的材料制成的隔膜，它将阀体内腔与阀盖内腔隔开，从而消除了阀门的驱动部件易受介质侵蚀造成外泄的隐患。隔膜阀主要用于输送含有硬质悬浮物的介质和腐蚀性介质，也用于密封要求高的设备与管道系统。

隔膜阀的特点如下。

a. 用隔膜将下部阀体内腔与上部阀体内腔隔开，使位于隔膜上方的阀杆、阀瓣等零件不受介质腐蚀，且不产生介质外泄，省去了填料函密封结构。

b. 采用橡胶或塑料等软质密封材料制作隔膜，密封性好。由于隔膜为易损部件，因此应视工况及介质特性定期更换。

c. 受隔膜材料限制，隔膜阀仅用于低压（$PN \leqslant 1.6\ MPa$）且温度不高（$t \leqslant 190\ ℃$）的设备和管道。

d. 具有良好的防腐特性。

④截止阀。

截止阀是一种常用的截断阀，主要用于接通或截断管路中的介质，一般用于中、小口径的管道，适用的压力、温度范围较大。截止阀一般不用于调节介质流量。

截止阀阀体的结构有直通式、直流式和角式三类，直通式是最常见的结构，但其流体阻力最大；直流式的流体阻力较小，多用于含固体颗粒或黏度大的流体；角式阀体多为锻造件，适用于较小口径、较高压力的管道。

截止阀主要有以下优点。

a. 结构比较简单，制造和维修都比较方便。

b. 密封面不易磨损、擦伤，密封性较好，寿命较长。

c. 启闭时阀瓣行程较小，启闭时间短，阀门高度较低。

截止阀主要有以下缺点。

a. 流体阻力大，阀体内介质通道比较曲折，故能量消耗较大。

b. 启闭力矩大，启闭较费力。关闭时，因为阀瓣的运动方向与介质压力作用方向相反，阀瓣的运动必须克服介质的作用，故启闭力矩大。

c. 介质的流动方向，一般有由下向上的限制。

⑤止回阀。

止回阀是能自动阻止流体倒流的阀门，也称逆止阀。止回阀的阀瓣在流体压力下开启，流体从进口侧流向出口侧，当进口侧压力低于出口侧时，阀瓣在流体压差、自身重力等因素作用下自动关闭以防流体倒流。

止回阀通常被用于泵的出口。止回阀一般分为升降式、旋启式、蝶式及隔膜式等类型。

a. 升降式止回阀的结构一般与截止阀相似，其阀瓣沿着通道中心线做升降运动，动作可靠，但流体阻力较大，适用于较小口径处。

b. 旋启式止回阀的阀瓣绕转轴做旋转运动，其流体阻力一般小于升降式止回阀，适用于较大口径处。

c. 蝶式止回阀的阀瓣类似蝶阀，结构简单、流阻较小，水锤压力也较小。

d. 隔膜式止回阀有多种结构形式，均采用隔膜作为启闭件，由于其防水锤性能好、结构简单、成本低，近年来发展较快。但隔膜式止回阀的使用温度和压力受到隔膜材料的限制。

⑥球阀。

球阀是用带圆形通孔的球体作为启闭件，球体随阀杆转动实现启闭动作的阀门。球阀的主要功能是切断和接通管道中的介质流通通道，其工作原理是借助手柄或其他驱动装置使球体旋转90°，此时球体的通孔与阀体通道中心线重合或垂直，完成阀门的全开或全关。

球阀有以下优点。

a. 流体阻力小，全开时球体通道、阀体通道和连接管道的截面面积相等，并且呈直线相通，介质流过球阀，相当于流过一段直通的管子。对各种废水进行化学处理时，管道上的阀门一般都采用球阀。

b. 启闭迅速，启闭时只需把球体转动90°，方便而迅速。

c. 结构较简单，体积较小，质量较轻。特别是它的高度远小于闸阀和截止阀。

d. 密封性能好。球阀一般采用具有弹性的软质密封圈。

球阀有以下缺点。

a. 使用温度范围小。

b. 球阀一般采用软质密封圈，使用温度受密封圈材料的限制。

⑦减压阀。

减压阀的作用是将设备管路内介质的压力降至所需压力。它依靠敏感元件（膜片、弹簧片等）改变阀瓣的位置，增加管道局部阻力，从而使介质的压力降低。

⑧安全阀。

安全阀是设备和管道的自动保护装置。在运用化学方法进行水处理的设备和管道中，安全阀常用于蒸汽管道、加热器、压缩空气管道和储气罐等压力容器上，当介质压力超过规定数值时，安全阀自动开启，减小过大的介质压力；当压力下降到回座压力时，安全阀自动关闭，保证生产运行安全。安全阀按其结构不同分为直通式安全阀和脉冲式安全阀两种，直通式安全阀又可分为杠杆重锤式安全阀和弹簧式安全阀。

运用化学方法的水处理系统常用弹簧式安全阀。弹簧式安全阀的动作原理为系统正常运行时，弹簧向下的作用力大于流体作用在门芯上的向上作用力，安全阀关闭。一旦流体压力超过允许压力时，流体作用在门芯上的向上的作用力增加，门芯被顶开，流体溢出，待流体压力下降至弹簧作用力以下，弹簧又压住门芯迫使它关闭。

5.3.2 管线布置的原则与要求

（1）管线布置的原则。

下列复杂介质不能合为一个管网系统：

①污染物混合可能引起燃烧和爆炸的。

②不同温度气体混合能引起管道内结露的。

③不同污染物混合影响回收利用的。

（2）管线布置的要求。

①符合处理工艺流程的要求，并能满足处理要求。

②便于操作管理，并能保证安全运行。

③便于管道的安装和维护。

④管道整齐美观，标志明显，并尽量节约材料和投资。

管线的布置要考虑所输送的物料的特性、施工是否便利、管线与道路的关系、管线的后期维护等，具体如下。

（1）物料的特性。

输送易燃、易爆物料时，管道中应设安全阀、防爆阀、阻火器、水封装置，且管道应远离人们经常工作和生活的区域；输送腐蚀性物料的管道不要安装在通道的上方，在管束中应设置于下方或外侧；冷热管道尽量相互避开，一般是热管道在上方、冷管道在下方；重力管在下方、压力管在上方。

（2）考虑便于施工、操作和维修。

管道要尽量明装架空，尽量减少管道暗装的长度；管道尽量平行敷设，走直线，靠墙布置，减少交叉和转弯；管道与梁、柱、墙、设备及其他管道之间留出距离（管道距墙应不小于 150 mm）；阀门位置要便于操作和维修，阀门、法兰应尽量错开，以缩小管道间距。

（3）管线与道路的关系。

架设管道通过人行横道时，管道与地面的净高差要大于 2 m；通过公路的管道与道路的净高差要大于 4.5 m；通过铁路的管道与铁路的净高差要大于 6 m；高压电线下不宜架设管道。

（4）管线维护。

一般金属管道要注意防锈，同时要用颜色标明管道的用途。输送冷或热的流体，一般要注意保温，并要考虑热胀冷缩，尽量利用 "L" 形或 "Z" 形管道补偿器，需要时可在管道中增加膨胀器。

（5）与处理工艺的配合。

以除尘风管为例。风管应垂直或倾斜布置，倾斜角不小于 55°；如果必须水平敷设，则要使管道内有足够的流速，避免风管内积尘。另外，在管道上要设置卸灰装置和清扫孔。

（6）技术经济性。

通过管内流速计算管径时，考虑技术和经济两方面因素。当流量一定时，所选择的管内流速越高，则管径越小，材料消耗越少，一次性投资也随之减少。但是由于流速较高，压力损失也就较大，运行所需的动力消耗增加，运行费用增加，管道和设备磨损增大，噪声增加。

与此相反，选择低流速会使所需的管径增大，材料消耗大，一次性投资增加，但压力损失小，运行成本低。

5.3.3 管线布置图

管线布置图又称管道安装图或配管图，是管道安装施工的依据。

管线平面布置图上一般会画出全部管道、设备、建筑物或构筑物的简单轮廓、管件阀门、仪表控制点及相关尺寸。

建筑物 / 设备立面图和剖面图用于清楚地展示管线空间布置。

建筑物 / 设备立面图或剖面图可以与平面图画在同一张图纸上，也可以单独画在另一张图纸上。

（1）管线平面布置图。

污水处理厂 / 站管线平面布置图一般应与其平面布置图一致，即构筑物 / 建筑物、设备、管道等全部画出。

线条：除管道外的全部的内容用细实线画出。

管线平面布置图中，设备的外形轮廓要按比例画出，并画出设备上连接管口和预留管口的位置。

（2）立面和剖面图。

剖切平面位置线的画法及标注方式与污水处理厂 / 站平面布置图相同。剖面图可按Ⅰ—Ⅰ、Ⅱ—Ⅱ…或 A—A、B—B…的顺序编号。

5.3.4 管线表达及标注

临摹附图 1-3 污水处理站管线平面布置图。可在附图 1-2 的基础上，保留构筑物轮廓线，删除不必要的标注线，补充管线即可。本例中管线内容较多，包括污水管、曝气管、排泥管、反冲洗管、回流管等，按照本书第 4.6 节中介绍的制图标准，各种管线一般用短线加字母的形式表示，以便区分。

在临摹管线图之前，首先阅读管线图的图例（图 5-75），了解各管线的表示形式；其次从进水位置，按流程厘清管线的连接和走向；最后开始临摹。

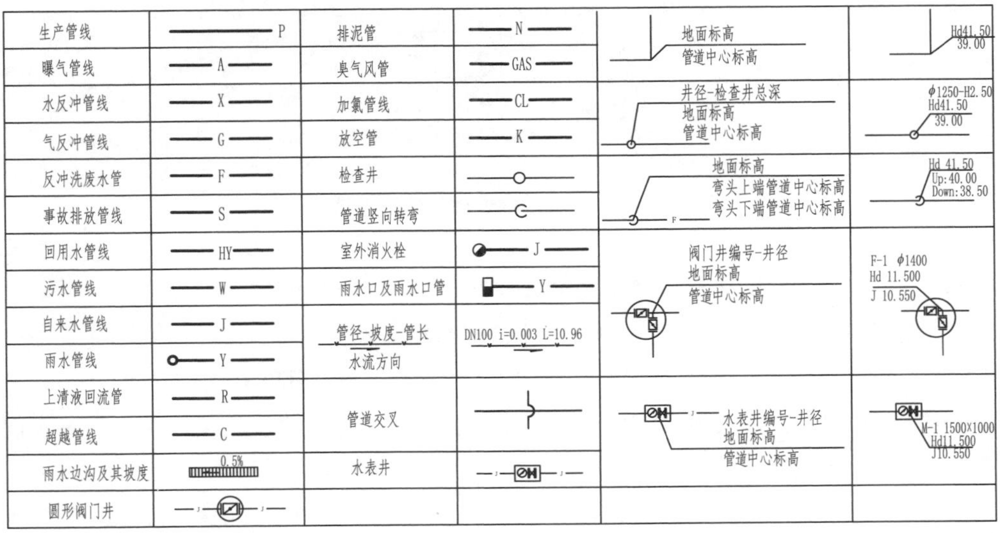

图 5-75 某污水处理站管线图例

附图 1-3 生产管线为污水处理站的主要污水管线，图 5-76 展示了由调节沉淀池到曝气生物滤池的生产管线，管线旁标注的 D219×6 表示管道外直径是 219 mm，水管壁厚 6 mm。

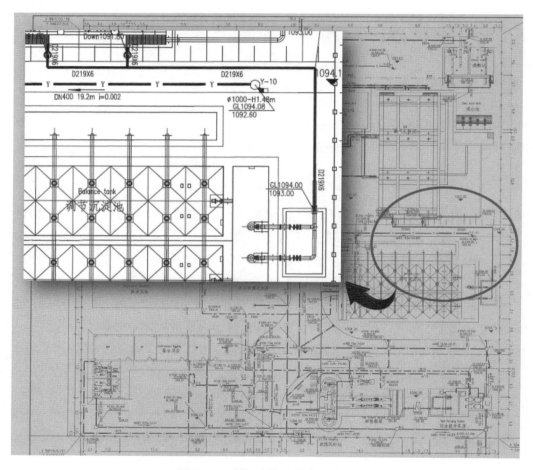

图 5-76　某污水处理站生产管线

污水管线是输送污水处理站运行过程中产生的污水的管道，图 5-77 展示了将好氧消化池产生的污水输送至曝气生物滤池废水池的管道。管线上圆形旁边的 W-8，是污水管检查井的编号，污水线上方标注的"DN200 13.1m i=0.005"，表示该段污水管公称直径为 200 mm，长度为 13.1 m，坡度为 0.5%，箭头方向表示管线中水流方向。

图 5-78 展示了该污水处理站从鼓风机房到曝气生物滤池的曝气管线、曝气生物滤池的气—水反冲洗管线以及反冲洗后产生的废水排放管道。

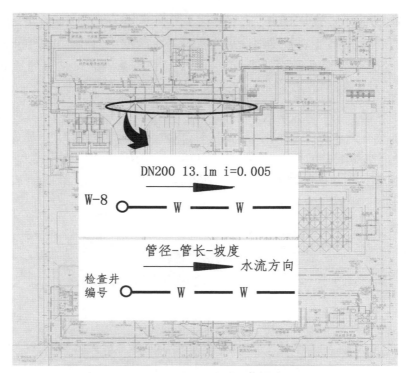

图 5-77　某污水处理站污水管线

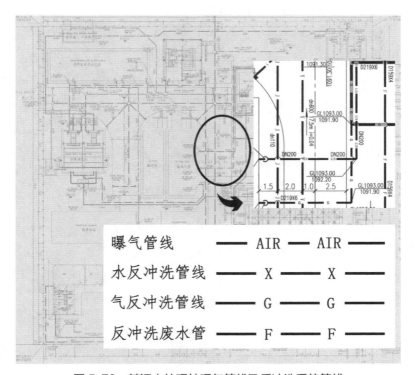

图 5-78　某污水处理站曝气管线及反冲洗系统管线

曝气管线上标注的 DN200，表示曝气管道的公称直径为 200 mm。废水排放管线上标注的 D159×4 表示反冲洗后废水的排出管线内直径是 159 mm，壁厚为 4 mm。曝气管线转弯处标注的 GL1093.00、1092.20 分别表示该点的地面标高为 1 093.00 m，该点的管道中心线标高为 1 092.20 m。

实际工程中，雨水管材通常为混凝土管，且管径较大，每隔一定距离应设置一个检查井，雨水管线改变方向时也需要设置检查井。图 5-79 中雨水检查井旁标注的 Y-10 是雨水检查井的编号，φ1000-H1.48 m 表示检查井直径为 1 000 mm，总深度为 1.48 m；GL 1094.08 表示检查井所在位置的地面标高；1092.60 表示接入检查井的雨水管道中心线的标高。

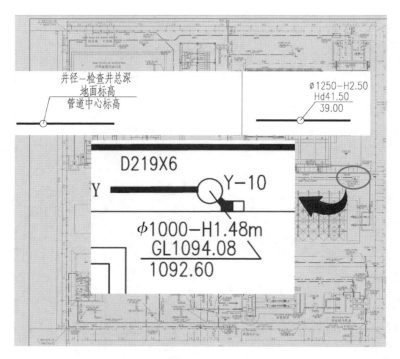

图 5-79　某污水处理站雨水管线

当管线出现交叉时，一般有两种处理方式：一种是通过视线遮挡表示，将位于下方被挡住的管道，断开；另一种是利用立体效果来表示，在交叉的位置将位于上层的管道画成一个小半圆。如图 5-80 所示，若污水管和雨水管平行，二者与给水管交叉，则污水管和雨水管位于下方，给水管位于上方。

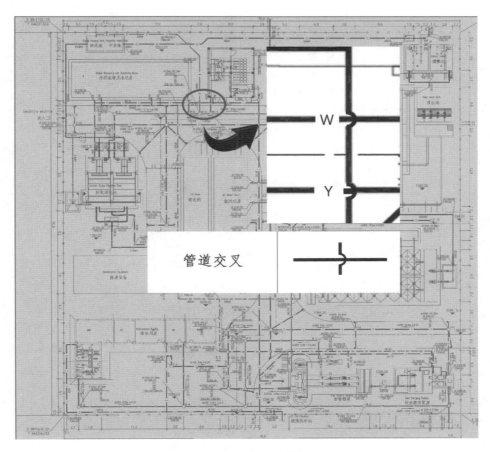

图 5-80　某污水处理站管线交叉

一般在污水处理站见不到管道，因为大部分管道都埋在地下，但构筑物的进水口位置通常位于地面以上。当位于地下的管道水平铺设到构筑物外墙边，就需要安装弯头使管道改变方向，实现位于地下的管道与地上的构筑物进水口的连接。此时，发生方向改变的管线画法如图 5-81 所示。标注的内容 GL 1094.00 表示管道改变方向处地面标高为 1 094.00 m，Up 1093.00 表示弯头上端管道中心的标高，Down 1091.80 表示弯头下端管道中心线的标高。可见，通过安装弯头，管道中心线高程向上提高了 1.2 m。

5.3.5　管线布置图的绘制

图纸了解清楚后，可以在平面布置图的基础上继续临摹。将"平面布置图"另存为"管线布置图"。制图过程中，删除或冻结不需要的图层，新建需要的管线图层，按工艺流程方向制图。制图过程中注意图层的切换，图层切换前文已介绍此处不再赘述。

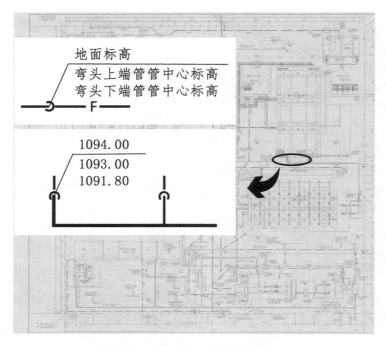

图 5-81　某污水处理站管线转换方向

5.4　高程布置图

5.4.1　高程布置目的和任务

　　高程布置的目的是保证污水能够在各处理构筑物之间顺畅流动。高程布置图中的内容主要包括处理构筑物的标高（如池顶、池底、水面等）、处理构筑物之间连接管渠的类型及标高。

　　为降低运行费用，方便维护管理，污水在处理构筑物之间的流动宜为重力流；污泥也最好利用重力流动。若需要提升时，应尽量减少抽升次数。为保证污水／污泥的顺利自流，应精确计算处理构筑物之间的水头损失，并考虑为扩建预留储备水头。

　　流程图注重的是工艺流程，只要版面布局能清楚表示水处理设施流程即可。高程图更注重高程，在纵向也就是高度上应按照 1∶1 的比例来画。但由于图纸幅面的原因，有些水处理构筑物长度和高度相差较大，不宜全部按照 1∶1 比例画图，于是可以在纵向按 1∶1 的比例画图，在水平方向上不按 1∶1 比例画图，这样既保证高程的准确，又能保证图面布置合理美观。

污水处理厂／站高程布置的主要任务有以下几项。

（1）确定各处理构筑物和泵房的标高。

（2）确定处理构筑物之间连接管渠的尺寸及标高。

（3）通过计算确定各部分的水面标高，使污水在处理构筑物之间顺畅地流动，保证污水处理厂／站的正常运行。

高程布置的一般原则如下。

（1）计算各处理构筑物的水头损失时，应选择一条距离最长、水头损失最大的流程进行计算，确定最大流量时应注意雨天和发生事故时流量的增加，并应适当留有余地，以防淤积时水头不够而造成的涌水，影响处理系统的正常运行。

在污水处理工程中，为简化计算，一般认为水流是均匀流动的。管渠水头损失主要有沿程水头损失和局部水头损失。污水处理厂／站总水头损失包括管渠水头损失及构筑物本身的水头损失，如滤池等本身水头损失较大，设计时不能忽略，则

总水头损失 ＝ 构筑物水头损失 ＋ 沿程水头损失 ＋ 局部水头损失

（2）计算流量时，将最大流量（设计管渠和设备的远期流量时，考虑远期最大流量）作为构筑物与管渠的设计流量。还应考虑当某座构筑物停止运行时，与其并联运行的其他构筑物及连接管渠能否通过全部流量。

（3）计算高程时，常以受纳水体的最高水位，如受纳水体 50 年一遇的洪水水位为起点，逆废水处理流程倒推计算，以使处理后出水在洪水季节也能自流排出。如果受纳水体最高水位较高，则可在污水处理厂／站尾水排入水体前设置泵站，受纳水体水位高时抽水排放。如果受纳水体最高水位很低时，则可在处理水排入水体前设跌水井，处理构筑物应按最适宜的埋深来确定标高。

（4）在做高程布置时，还应注意污水流程与污泥流程的配合，尽量减少需要提升的污泥量。

（5）控制连接管中的流速。进入沉淀池时，流速可以低一些；进入曝气池或反应池时，流速可以高一些。流速太低，会使管径过大，相应的管件、附属构筑物的规格也会随之增大；流速太高，则要求管渠坡度较大，水头损失随之增大，会增加挖土方量、土方回填量、水泵扬程等。

（6）避免水头浪费，避免处理构筑物之间跌水过多浪费水头，要充分利用地形高差实现自流；在计算并留有余量的前提下，力求尽量缩小全程的水头损失及提升泵所需扬程，以降低挖方成本及后期运行成本。

5.4.2 高程布置图的绘制步骤

临摹附图 1-4 的某污水处理站高程布置图，步骤如下。

（1）调用"LIMITS"命令，设置图形界线，输入"ZOOM"进行全局缩放。

（2）创建图层、线型、颜色。

1）池体层，线宽为默认值，颜色自选，线型为 continuous。

2）管线层，线宽为 0.5 mm，颜色自选，线型为 continuous。

3）文本层，线宽为默认值，颜色自选，线型为 continuous。

不同图层最好设置为不同颜色。

（3）临摹废水处理构筑物、设备用房的正剖面简图及设备图例。

将当前图层设置为池体层，按布置好的图面进行构筑物剖面图的绘制。

（4）连接管线的绘制。

从池体层切换到管线层，根据实际计算的水头高差和单体构筑物进出水管的垂直位置确定每个构筑物的进出水管高程；然后利用直线与文字命令绘制短线与字母相结合的管线，注意每段短线长度尽量保持一致，所有管线上字母的字号也应一致，可以利用复制功能加快绘图速度。

（5）水面线、地坪线的绘制。

单体剖面图绘制完成后，根据计算得出的高程绘制各构筑物的水面线以及构筑物地坪线，地坪线的画法如图 5-82 所示。

图 5-82　地坪线的画法

（6）标注和文字说明。

将当前图层切换到文本层，根据设计计算结果标注各构筑物的标高（包括水面、进出管线、地坪线、池底以及池顶等）。标高标注时，若上方空间较大可直接标注在线条上，若上方空间有限可引出标注或叠加标注（图 5-83）。

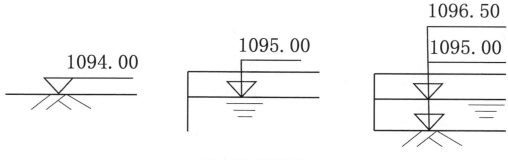

图 5-83　标高标注

高程布置图中每个构筑物剖面图下方应标注该构筑物的名称，并在名称下方添加上粗下细的双下画线（图 5-84）。

好氧污泥消化池

图 5-84　图名及双下画线的绘制方法

5.4.3　以动态块形式插入标高标注

块命令在环境工程制图过程中的应用范围十分广泛，在制图过程中将一些重复使用的图形设为块，如阀门、高程标注的三角符号等，可加快作图速度。块命令有内部块命令、外部块命令和动态块命令等。在本书第 5.2.13 节中介绍了外部块（以外部参照形式加入块）的用法，内部块的使用方法与此类似，不多阐述。下文将介绍动态块命令的使用。

动态块命令可以用于图形一致，但标注内容不同的情况，比如标注本例高程图中各点的标高。动态块命令有可整体移动、复制简便、标注快捷的优点。

动态块设置方法如下。

● 首先绘制出标高符号▽　　　　　　。

● 绘制完成后，在命令窗口输入"ATT"，弹出图 5-85 所示的对话框，在"标记"文本框输入"标高"，"默认"文本框输入"2"。文字样式可设置为仿宋体，文字高度根据绘制的标高符号高度设置，本例中标高符号高度为 300 mm，因此，文字高度设置为 400 mm，单击确定按钮，此时光标自动牵引设置"标高"，单击标高符号横线上方合适位置放置文字（图 5-86）。

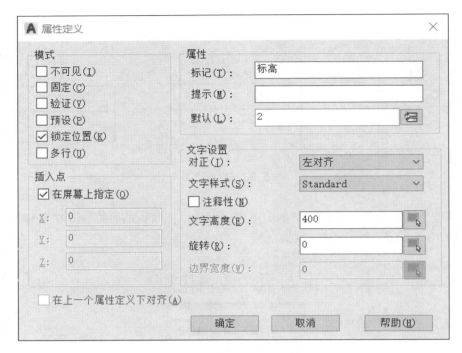

图 5-85　动态块文字属性定义

图 5-86　动态块文字放置

- 在命令窗口输入"WBLOCK"或缩写"W"，回车后调用写块功能，弹出图 5-87 所示对话框。
- 单击"基点"下面的拾取点按钮，AutoCAD 切换到模型窗口，此时单击鼠标拾取高程标高三角标的下角点，则插入块时将默认以此为基点，方便对象捕捉定位，可以提高绘图精度和速度。

图 5-87　创建写块

- 单击"对象"下面的选择对象按钮，AutoCAD 切换到模型窗口，通过拖曳鼠标框选绘制的标高符号及其上的文字"标高"。
- 单击"目标"下面"文件名和路径"右侧的省略号按钮，选择该块在计算机中的保存位置及文件名，如可将文件命名为"高程标注"存放在计算机桌面上（图 5-87），连续单击确定按钮后，新块创建完成。
- 在命令窗口输入"INSERT"或缩写"I"，插入新块，系统弹出对话框中显示可选择的块的名称（图 5-88），选择"高程标注"块后，光标便自动牵引出动态块，上面的数字"2"为上述步骤输入的默认值（图 5-89）。上述对话框的"插入选项"选项组可以设置插入比例、旋转角度、是否重复放置及是否分解等，如果勾选"重复放置"复选框，则后续不用再次输入"INSERT"块命令，系统将连续插入多个新块。

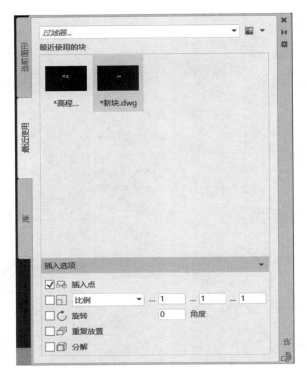

图 5-88 创建新块

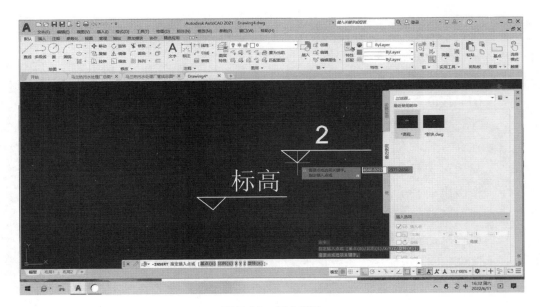

图 5-89 插入新块

- 在屏幕上合适的位置单击，随即弹出"编辑属性"对话框，将默认值 2 修改为需要设定的标高数值即可。确定后，标高自动更新为所需输入的标高数值。

5.5 污水处理构筑物单体图

附图 1-5 至附图 1-14 为本设计核心单元曝气生物滤池的平面图、剖面图和必要的局部大样图等。根据实际情况，这些平面图、剖面图可绘制在一张图纸上，也可分开绘制在多张图纸上。

5.5.1 单体图设计内容（此处以曝气生物滤池为例）

曝气生物滤池平面图的设计内容如下。

（1）顶层平面图主要包含主反应单元的隔断，清水池和废水池的位置，墙体、盖板、步道等内容。

（2）中间层平面图包含了填料填充范围，水泵与管道的连接方式等信息。

（3）底层平面图主要包含了空气管道的平面位置、走向、规格，以及止回阀、蝶阀、放空阀等附件信息。

（4）标注包括池体尺寸、设备名称等信息，剖图符号、图名、说明等文字信息。

（5）剖图符号包含剖切位置和剖视方向两层含义。剖切位置即曝气生物滤池剖切平面的位置，剖面图是移去介于观察者和剖切平面之间的部分后，剩余部分向剖视方向所做的正投影，剖面图可全剖也可半剖。在附图 1-5 中，标识了从 A—A 剖面到 I—I 剖面的所在位置及剖分方向，剖图符号应以粗实线绘制，图纸上的剖切位置线长度宜为 6～10 mm，剖视方向线应垂直于剖切位置线，长度应短于剖切位置线，宜为 4～6 mm。在绘制时，剖图符号不应与其他图线相接触。

曝气生物滤池剖面图的设计如下。

（1）剖面图的剖分位置应根据平面图中的剖图符号确定。

（2）剖开的墙体部分应根据墙体材质（如砖砌结构或者钢筋混凝土结构）进行填充并可在图中附图例。

（3）标高必不可少，如池顶标高、水面标高、填料标高、池底标高、管道中心线标高等。

（4）管道应绘制管道中线，通常以点画线形式表示，单体构筑物的管道与其他构筑物相连接的一端通常表达为截断形式，并以箭头及文字标明水流走向（图 5-90），管道在某剖面投影为圆形时，应绘制十字交叉的点画线，交点在圆心位置（图 5-91）。

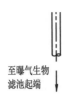

至曝气生物
滤池起端

图 5-90 截断的管道及中心线

图 5-91 管道中心线

（5）为清晰地表达图形结构，常需要对构筑物进行多角度剖分，且在剖面图旁绘有局部大样图，帮助理解。

（6）平面图及剖面图中布置的设备，如水泵、风机等图块，应以三视图方式绘制，用户可以在平时注意这些素材的收集，以插入块的方式使用，帮助提高画图速度。

5.5.2　多线绘制墙体

在绘制单体构筑物时需要画墙体，墙体的绘制既可以采用直线—偏移法绘制，也可以使用多线功能来快速绘制。

多线绘制墙体步骤：首先按照墙体尺寸绘制辅助线帮助定位。画完辅助线以后，在命令窗口输入多线样式命令"MLSTYLE"，按空格 / 回车键。弹出"多线样式"管理器（图 5-92），此时的多线默认为"STANDARD"样式，单击右侧新建按钮输入新建多线名称（如"墙体"）后，单击继续按钮。

图 5-92 "多线样式"管理器

（1）弹出"新建多线样式：墙体"对话框（图 5-93），该对话框中设置的内容，可以在图 5-94 所示的预览框中预览。此时可以按照设计墙体样式进行修改，如将墙体多线的起点进行直线封口，端点进行外弧封口等。

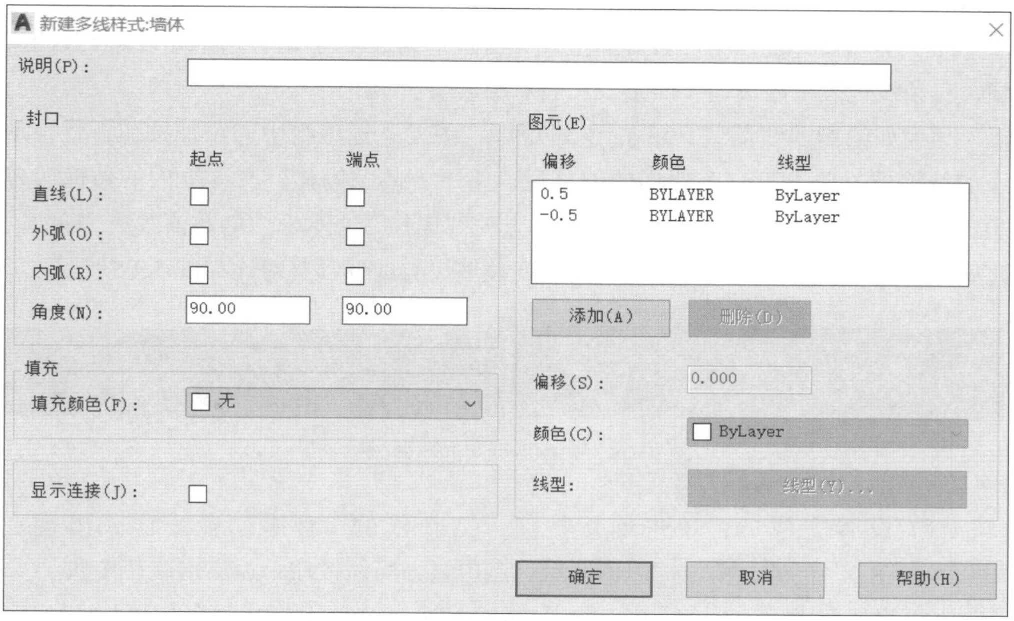

图 5-93　新建多线样式：墙体

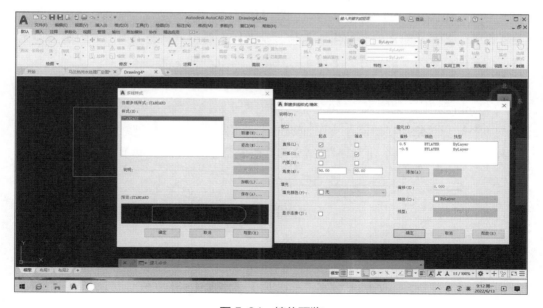

图 5-94　墙体预览

（2）"图元"选项组中"偏移"可定义多线墙体的结构，默认以墙体厚度方向的中心线为基线，向上偏移 0.5，向下偏移 0.5，则正好组成厚度为 1 的墙体。此时调用此多线样式绘制墙体，就可以通过输入比例，绘制不同厚度的墙体。如绘制 24 墙（240 mm 厚），则比例设置为 240 即可。此操作方便相同结构、不同厚度墙体的绘制。

（3）实际设计过程中，若墙体上开有窗户，则通常将墙体绘制成三线墙或四线墙，三条线代表单层玻璃，四条线代表双层玻璃。

（4）如绘制四线墙线，单击图 5-93 中"图元"选项组中的添加按钮，将自动添加偏移位，单击第一个新加的偏移后，将下方的"偏移"文本框内的数值改成"0.2"，单击第二个新加的偏移后，将下方的"偏移"文本框内的数值改成"-0.2"，此后还可继续设置墙线的颜色及线型。四线墙设置前后预览对比如图 5-95 所示。

图 5-95　双线墙体与四线墙体对比

（5）设置完成后，单击确认按钮，则新建的"墙体"多线样式出现在"STANDARD"下方，单击"墙体"后，点击置为当前按钮，再点击确认按钮。

（6）设置完成后，在命令窗口输入"MLINE"，或缩写"ML"命令敲击回车键。

（7）命令执行后，输入"J"（对正），按空格 / 回车键，选择对正类型，上（T）对正、下（B）对正或无（Z）对正，再按空格 / 回车键。对正位置要根据所绘图样设置，若是从左向右绘制多线墙体，则选择上对正点在最上面图元的端点，无对正点在偏移量为 0 的位置，下对正点在最底端图元的端点。

（8）输入"S"（比例），按空格 / 回车，输入多线比例。本例中，绘制 24 墙（厚 240 mm），则比例输入"240"，按空格 / 回车键确认。

（9）打开对象捕捉功能，参照轴线位置，指定墙体起点，连续单击，可直接绘制出多个墙体，按空格 / 回车键可结束多线绘制命令（如图 5-96）。

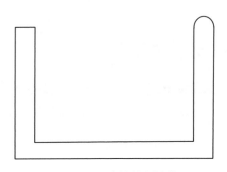

图 5-96　多线绘制墙体

（10）当多线墙体需要编辑时，在待编辑的墙体上双击，或者在菜单栏依次单击【修改】—【对象】—【多线】，或者输入命令"MLEDIT"，即可弹出如图 5-97 所示对话框。利用多线编辑工具可以改变两条多线的相交及闭合形式，也可以在多线中添加顶点或删除顶点，还可将多线中的线条剪切或合并。

图 5-97　多线编辑工具

5.5.3　多段线绘制管线截断面

采用多段或绘制管道时，可在菜单栏单击【默认】—【绘图】—【多段线】；也可在命令窗口输入"PLINE"调用多段线。

单击指定多段线的起点和端点，不要结束命令，观察命令窗口提示：

```
⋮× 🔧  ⌐▼ PLINE 指定下一点或 [圆弧(A) 闭合(C) 半宽(H) 长度(L) 放弃(U) 宽度(W)]:
```

输入"A"后，按空格／回车键，继续单击鼠标绘制管道断面圆弧（图 5-98）。

图 5-98　多段线绘制管道断面圆弧

5.5.4　多段线绘制箭头

设计图中经常用箭头来表示流动方向，箭头也可以利用多段线进行绘制。继续调用多段线命令，在屏幕上点取起点和端点后，观察命令窗口提示 ⌐∿▾ **PLINE** 指定下一个点或 [圆弧(A) 半宽(H) 长度(L) 放弃(U) 宽度(W)]：，输入"W"，按空格 / 回车键，系统提示，"指定起点宽度"，输入"20"，按空格 / 回车，系统继续提示"指定端点宽度"，输入"0"后，按空格 / 回车键确认，用鼠标改变箭头方向并在屏幕上将箭头拉伸到适合的长度后，按空格 / 回车键确认，箭头绘制完成（图 5-99）。

图 5-99　多段线绘制箭头

5.5.5　圆心与管道中心线绘制

AutoCAD 2021 提供了较为便捷的绘制管道中心线的画线工具。菜单中"注释"选项卡的中心线模块提供了绘制圆心标记和中心线的工具（图 5-100）。

图 5-100　绘制中心线

单击圆心标记按钮后，系统提示"选择要添加圆心标记的圆或圆弧"，鼠标点选待标记的图形后，自动出现圆心标记。

单击中心线按钮后，系统提示"选择第一条直线"，点选后提示"选择第二条直线"，点选后会自动生成中心线（图 5-101）。此处点画线的点线比例同样通过调整全局比例因子来调整，此处不再赘述。

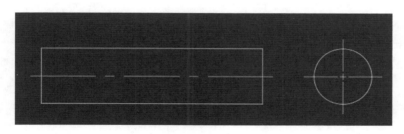

图 5-101　绘制中心点画线

5.5.6　墙体等图案填充

剖面图中的墙体需要填充材质图案，但平面图中的墙体不填充。墙体的材质很多，不同材质对应不同的填充图案。墙体填充步骤如下。

- 单击功能区绘图模块的图案填充按钮，或在命令窗口输入"HATCH"或"H"，调用填充命令，菜单中便出现填充菜单栏（图 5-102）。

图 5-102　填充菜单栏

- 单击拾取点按钮后，即可通过鼠标点选要填充的对象。
- 在图案模块，系统集成了常用材质图案，供用户选择，在图案下方标出了该图案的材质类型，如表 5-4 所示。

表 5-4　填充样式说明

序号	名称	图例	说明	序号	名称	图例	说明
1	SOLIO		实体填充	17	ANS138		ANS/ 铝
2	ANGLE		角钢	18	AR-BB16		8×16 块砖顺砌
3	ANS13		ANS/ 铁、砖和石	19	AR-BB16C		8×16 块砖顺砌，用灰泥接缝
4	ANS132		ANS/ 钢	20	AR-B88		8×8 块砖顺砌
5	ANS133		ANS/ 青铜、黄铜和紫铜	21	AR-BRELM		标准块砖英式堆砌，用灰泥接缝
6	ANS134		ANS/ 塑料和橡胶	22	BOX		方钢
7	ANS135		ANS/ 耐火砖和耐火材料	23	BRASS		黄铜制品
8	AR-BRSTD		标准砖块顺砌	24	BRICK		砖石类型的表面
9	AR-CONC		随机的点和石头图案	25	BRSTONE		砖和石
10	AR-HBONE		标准的砖块成人字形图案 @45 度角	26	CLAY		黏土材料
11	AR-PAR01		2×12 镶木地板：12×12 的图案	27	CORK		软木材料
12	AR-RROOF		屋顶木瓦图案	28	CROSS		一系列十字形
13	AR-RSHKE		屋顶树木摇晃的图案	29	DASH		画线
14	AR-SAND		随机的点图案	30	DOLMIT		地壳岩层
15	ANS136		ANS/ 大理石、板岩和玻璃	31	DOTS		一系列点
16	ANS137		ANS/ 铅、锌、镁和声 / 热 / 电绝缘体	32	EARTH		地面

续表

序号	名称	图例	说明	序号	名称	图例	说明
33	ESCHER		Escher 图案	52	ISO012W100		画、点线
34	FLEX		软性材料	53	ISO013W100		双画、双点线
35	GRASS		草地	54	ISO014W100		画、三点线
36	ISO03W100		画、空格线	55	ISO015W100		双画、三点线
37	ISO04W100		长画、点线	56	JIS_LC_20		LC JIS A 0150（@20）
38	ISO05W100		长画、双点线	57	LINE		平行水平线
39	ISO06W100		长画、点线	58	MUDST		泥沙
40	ISO07W100		点线	59	NET		水平 / 垂直栅格
41	ISO08W100		长画、短画线	60	NET3		网状图案 0-60-120
42	ISO09W100		长画、双短画线	61	PLAST		塑料制品
43	GRATE		栅格区域	62	PLASTI		塑料制品
44	GRAVEL		砂砾图案	63	SACNCR		混凝土
45	HEX		六边形	64	SOUARE		对齐的小方块
46	HONEY		蜂巢图案	65	STARS		六芒星
47	HOUND		犬牙交错图案	66	STEEL		钢制品
48	INSUL		绝缘材料	67	SWAMP		沼泽地带
49	ISO02W100		画线	68	TRANS		热传递材料
50	ISO10W100		画、点线	69	TRIAANG		等边三角形
51	ISO01W100		双画、双短画线	70	ZIGZAG		楼梯效果

特性模块中可以设置填充角度及填充比例。

在环境工程剖面图中，通常以斜线表示砖混结构，以斜线加石子图案两次叠加填充（图 5-103）表示钢混结构，填充好的钢筋混凝土墙体如图 5-104 所示。

AR-CONC　　JIS_LC_20

图 5-103　钢混填充图案

图 5-104　填充好的钢筋混凝土结构墙体

5.5.7　单体图的绘图步骤

单体构筑物图纸通常以 mm 为单位绘制，因此，画图比例为 1∶1，平面图和剖面图的绘图步骤相似，具体如下。

（1）输入"LIMITS"，设置图形界线；输入"ZOOM"进行全局缩放。

（2）确定图层、线型、颜色。

● 池体层，线宽为默认值，颜色自选，线型为 continuous。

● 管道层，线宽为 0.5 mm，颜色自选，线型为 continuous。

● 管道中心线层，线宽为 0.5 mm，颜色自选，线型为 center。

● 标注文本层，线宽为默认值，颜色自选，线型为 continuous。

不同图层最好设置为不同颜色。

（3）将当前图层设置为池体层，临摹单体构筑物的平面轮廓。

（4）将池体层切换到管道层，临摹绘制管道。

（5）在剖面图上绘制水面线、设计地坪线，且与高程布置图上的尺寸保持一致。

（6）将墙体剖面进行填充。

（7）添加标注、图名、文字说明。

（8）绘制图框。

（9）打印出图。

第6章
卫生填埋场设计图的绘制

◎ 本章小结

（1）掌握场地地形图等大尺度图形绘制方法。
（2）掌握卫生填埋场图纸组成，熟悉图纸绘制内容及标注信息。
（3）掌握地下水、渗滤液、填埋气、雨水导排系统结构及图形表达方法。
（4）独立进行垃圾填埋场图纸的绘制。

6.1　卫生填埋场图纸基本组成

卫生填埋场设计图纸包括填埋场平面布置图（图 6-1）、填埋场场地平整及坐标平面图、填埋库区纵断面图、地下水导排系统平面图、地下水导排盲沟横剖面图、渗滤液导排及防渗系统平面图、渗滤液收集盲沟横剖面图、截洪沟系统平面布置图、填埋场封场平面布置图、封场表面排水沟平面布置图、填埋气体导排系统平面布置图、导气石笼及集气井大样图、管理区平面布置图、垃圾渗滤液处理站设计图等。其中，垃圾渗滤液处理站设计内容属于污水处理工程，其相关图纸绘制过程参见本书第 5 章。

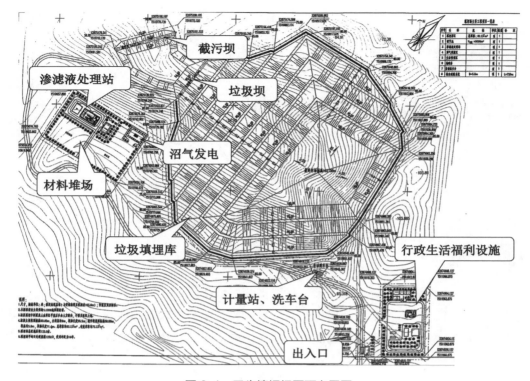

图 6-1　卫生填埋场平面布置图

6.2　卫生填埋场平面布置图

6.2.1　卫生填埋场类型

按填埋区自然地形条件，卫生填埋场大致分为 3 种类型。

（1）平原型填埋场。

这一类型的填埋场通常位于地形比较平坦且地下水埋藏较浅的地区。填埋一般采用高层埋放垃圾的方式，确定高于地平面的填埋高度时，必须充分考虑到作业的边坡比（通常为 1∶4）。填埋场顶部的面积要能保证垃圾车和压实机械设备在上面进行安全作业。由于覆盖材料紧缺目前已成为填埋场作业中比较突出的问题，因此在填埋场的底部开挖基坑是保证填埋场覆盖材料供应的一个有效方法。

（2）滩涂型填埋场。

滩涂型填埋场地处海边或江边滩涂，采用围堤筑路，排水清基，将滩涂废地辟建为填埋场填埋区，它的场底标高低于正常的地面。启用该类填埋场时，首先在规划填埋区域筑设人工防渗堤坝。垃圾填埋通常采用平面作业法，按单元填埋垃圾，具体步骤为分层夯实、单元覆土、终场覆土。由于这种类型的填埋场底部距地下水位较近，因此要特别关注地下水防渗系统的设置。此类填埋场填埋区库容量较大，土地复垦效果明显，经济效益、环境效益较好。

（3）山谷型填埋场。

山谷型填埋场通常地处重丘山地。垃圾填埋区一般为三面环山、一面开口、地势较为开阔的良好山谷地形，山谷比降在 10% 以下。此类填埋场填埋区库容量大，单位用地处理垃圾量多，通常可达 25 m^3/m^2 以上，经济效益和环境效益较好，资源化效益明显，符合国家卫生填埋场建设的总目标要求。山谷型填埋场的填埋区工程设施包括垃圾坝、库区防渗系统、渗滤液收集系统、防排洪系统、覆土备料场和分层作业道路等。垃圾填埋采用斜坡作业法，由低到高按单元进行垃圾填埋、分层压实、单元覆土、中间覆土和终场覆土。

6.2.2 卫生填埋场平面布置要点

根据城市生活垃圾卫生填埋场的特点，填埋场内各项设施从其使用功能上可分为 3 类，主体工程设施、辅助设施和行政生活福利设施，其中：

主体工程设施包括垃圾填埋库（含库底防渗、雨水导排、库区道路、渗滤液导排等设施）、垃圾坝、渗滤液调节池和渗滤液处理站。

辅助设施包括给水消防设施、供配电设施、截洪沟、进场道路、计量站、洗车台、机汽修设施、加油站、覆土备料场地、沼气处理设施等。

行政生活福利设施包括办公楼、宿舍、食堂、浴室、锅炉房等。

设计前应明确各类设施间的相互关系，合理地布置各类设施，这对于垃圾填埋场建成后的顺利运行至关重要。

（1）主体工程设施。

1）山谷型卫生填埋场的主体工程设施布置通常沿山谷走向展开，垃圾填埋库多位于山谷上游，垃圾坝和渗滤液调节池扼于山谷出口最狭窄处，渗滤液处理站则布置在山谷下游较平坦的扩张处。

2）渗滤液收集系统。垃圾填埋后产生的渗滤液经填埋库内的渗滤液收集系统（包括场底排渗盲沟、场底导流层和山坡排渗盲沟）收集流入 2～3 根主管。主管沿库底铺设穿出垃圾坝后，渗滤液经收集槽流入渗滤液调节池，再由调节池中的提升泵送至渗滤液处理站，处理后的达标水排入附近的水体。在总平面布置时填埋库、垃圾坝及渗滤液调节池通常按顺序连续布置。

3）垃圾坝。垃圾坝是填埋场建设中最重要的工程设施之一，它的主要功能就是增加堆置垃圾的稳定度。在布置垃圾坝的位置时不仅要为了减少工程量将坝址设在山谷出口的狭窄处，而且要充分重视坝基工程的地质情况及两侧山坡的稳定性。

4）渗滤液调节池。渗滤液调节池紧靠垃圾坝的下游布置，以保证渗滤液的自流输送距离较短。一般情况下渗滤液调节池位于山谷出口较窄处，这样有利于在调节池下游选择工程量较少的垂直防渗手段（如注浆帷幕），防止被污染的地下水外泄，避免造成对下游地下水和地表水的污染。

5）渗滤液处理站。一般布置在山谷出口以外较为平坦宽阔的地方，距填埋库有一定的卫生防护距离。考虑到渗滤液调节池中提升泵的扬程等因素，以及渗滤液处理站中沉淀收集的部分污泥回灌填埋库的要求，渗滤液处理站到垃圾坝的距离一般以 20～30 m 为宜。此外，由于渗滤液处理站中的污水在各种处理池中的滞留时间长，产生了大量难闻的气体，故处理站距周围其他公共设施和过境道路都不宜太近。

（2）辅助设施。

辅助设施的总平面布置根据卫生填埋生产工艺的要求，以及外部供水供电条件、交通运输情况和当地气候、地理条件，在主体工程设施周围呈辐射状展开。

1）给水设施。主要有蓄水池、加压泵房和高位水池。通常情况下，将储备有一定量消防及生产生活用水的蓄水池与加压泵房合建，布置于外部输水管较易到达且与各个用水点的距离适中的位置，使其位于其他辅助设施附近，便于集中管理。

2）高位水池。布置高位水池时主要考虑其高程是否满足各用水点的水压要求，尽量缩短高位水池与用水点间的距离，以降低水压损失。此外，水池与加压泵房间的距离不宜太远，以免采用多级加压措施。

3）配电站。布置总降压变配电站时应使它深入负荷中心，由于垃圾填埋场范围大，用电负荷点较为分散，故在相对集中且负荷最大的渗滤液处理站设置总变配电站较为适宜，其余用户视具体情况设高压配电站或低压配电站，并将其布置在外部进线方便的地方。

4）计量站。计量站一般布置在垃圾填埋场常年主导风向的上风侧，以保持良好的工作环境，可设置于运送垃圾和覆盖黏土的车辆进入填埋库区时必经道路的右侧。计量站主道路坡度不宜过大，同时应避开各级公路如国道、省道、县村公路等，以免对公共交通造成不利影响。

5）洗车台。为避免对城市的再次污染，运送垃圾的车辆在返程前须冲洗干净方可进入市区。洗车台一般位于卸货后空车返回时必经道路的右侧，通常可与计量站相对而设；利用高位水池的高程，保证冲洗车辆所需的水压；若冲洗水中含有较多垃圾需要净化处理，则与渗滤液处理站距离不宜太远。

6）加油站。为及时补充挖掘机、自卸汽车、压实机、推土机等设备长时间工作消耗的大量柴油、汽油和润滑油，一般大型垃圾填埋场需要设置加油站。加油站一般布置在大量运输作业车辆行进线路附近；位于对外交通便利的地方，也可以对外服务；加油站的火灾危险性较高，其周围应留有足够的安全防护距离。

7）机汽修设施。机汽修设施承担了填埋场各种车辆的维护修理工作，以及少量金属结构和管线等设备的维护修理工作。一般布置在垃圾填埋场中各种运输车辆和运行设备都易到达且对外交通方便的位置，以便提供对外服务。只要保证机汽修设施与加油站之间的安全防护距离，就可以将二者毗邻而设。

8）覆土备料场地。一般布置在进入填埋库的主要道路边，位于通往填埋库内部的各条分岔支线道路之前，尽量靠近填埋库，以缩短在不利气候下的黏土运输距离。

9）沼气处理设施。布置沼气处理设施时应首先分析填埋库中收集沼气的各种管道的走向和数量，使处于填埋库和沼气处理场地间的沼气集合管的长度较短；由于沼气燃烧时产生的辐射热较多，故应布置在空旷平坦的地方，以免影响周围的建 / 构筑物、工作人员和树木植被，同时高位水池提供的水压应能满足消防要求。

10）作业支线。通往填埋库的各作业支线在布置时应使一条作业支线为尽量多的垃圾分层提供通道，运输过程中垃圾容易散落在道路上，使路面变得湿滑易发生行车危险，故道路的坡度不宜太大。作业支线进入填埋库时都要与截洪沟相交，设计时须协调两者的竖向关系，避免出现"天沟"的现象。

（3）行政生活福利设施。

行政生活福利设施一般都集中设置成为一个相对独立的管理区或管理生活中心。布置管理区时首先应考虑避开垃圾填埋场常年主导风的下风侧，且应与垃圾填埋场间有较大的卫生防护距离，避免垃圾填埋过程中产生的灰尘和分解时散出的气体造成不良影响。在此基础上，将行政生活福利设施布置在与外部联系较为方便的地方，以利于职工上下班和工作联系。

6.2.3　绘制底图

（1）等高线。

由于垃圾填埋场是在底图基础上布设完成的，因此绘制垃圾填埋场平面图时应先绘制底图（地形图）。地形图是通过实地测量，将地面上各种地物、地貌的平面位置，按一定的比例尺，用《地形图图式》规定的符号和注记，缩绘在图纸上的平面图形，既表示地物的平面位置又表示地貌形态。

在地形图上，高程相等的各点所连成的闭合曲线称为等高线，一簇等高线，在图上不仅能表现地面的起伏变化形态，而且具有一定立体感。如图 6-2 所示，设有一座小山头的山顶恰好被水淹没时的水面高程为 50 m，水位每退 5 m，则坡面与水面的交线即一条闭合的等高线，其相应高程分别为 45 m、40 m、35 m。将交线垂直投影在水平面上，按一定比例缩小，就得到了一簇表现山头形状、大小、位置及起伏变化的等高线。

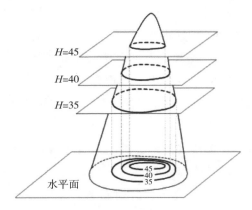

图 6-2　等高线原理

（2）等高距。

用等高线表示地貌，相邻等高线之间的高差，称为等高距或等高线间隔。等高距选择过大，就不能精确显示地貌；反之，选择过小，等高线密集，就会使图面不够清晰。因此，应根据地形和比例尺参照表 6-1 选择等高距。在同一幅地形图上，等高距是相同的，相邻等高线间的水平距离，称为等高线平距。由图 6-2 可知，等高线平距越大，表示地面坡度越缓；反之越陡。

表 6-1　地形图的基本等高距

地形类别	比例尺				备注
	1：500	1：1 000	1：2 000	1：5 000	
平地	0.5 m	0.5 m	1 m	2 m	等高距为 0.5 m 时，特征点高程可标注至 cm 级，其余均标注至 dm 级
丘陵	0.5 m	1 m	2 m	5 m	
山地	1 m	1 m	2 m	5 m	

（3）利用光栅图像参照插入绘制地形图。

实际工程中进行垃圾填埋场设计时，通常是以专业测绘机构提供的 ".dwg" 格式地形图作为底图进行场地平面布置。读者在学习过程中，若无相应 ".dwg" 文件的底图，则可以将图片格式地形图以光栅图像形式插入 AutoCAD 2021 中，然后在插入后的图片上用样条曲线或多段线命令描线条，完成底图的绘制。

以光栅图像形式插入的图像文件与 AutoCAD 2021 矢量文件的格式不同，其图像是由无数像素点构成的。常用的图像文件类型的后缀有 ".bmp"".gif"".jpg"".pcx" 等。

插入光栅图像参照步骤如下。

● 单击菜单栏的【插入】—【光栅图像参照】，或在命令窗口输入"IMAGEATTACH"或"IAT"（图 6-3）。

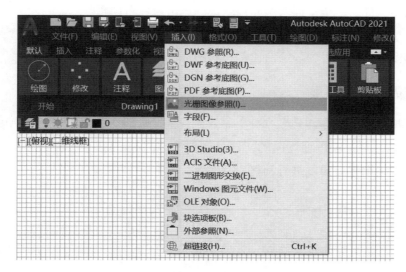

图 6-3　调用光栅图像参照

● 弹出"选择参照文件"对话框，在其中可以选择图片路径，选中地形图后，单击打开按钮，显示如图 6-4 所示的"附着图像"对话框，可根据需要设置插入点、缩放比例及旋转角度等，单击确定按钮后，鼠标变为十字光标，分别在屏幕上拾取待插入区的左下角及右上角，即可将光栅图像插入。

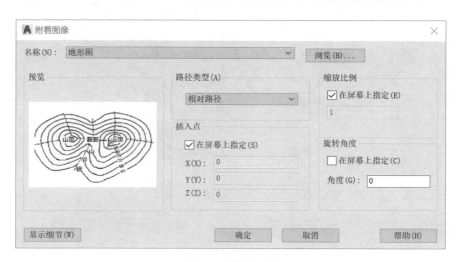

图 6-4　附着图像

- 调用多段线或样条曲线命令，描绘地形图上所需线条等。填埋场绘制步骤与污水处理厂绘制步骤相同，设置图层、绘图样式后，依次绘制图线、文字、标注、表格、图框等内容，此处不再赘述。
- 描绘完成后，单击插入的光栅图像，点击鼠标右键删除。
- 描绘过程中捕捉的点越多，描出来的线条越精确，最后调用缩放命令，将地形图的比例设置为与绘图比例相同即可。

6.2.4 更改视口角度

由于垃圾填埋场是在底图基础上布置完成的，有时会与图框成一定角度，此时若直接出图，则垃圾填埋场内的字体是倾斜的（图 6-5），不利于识图，因此需要在打印时对出图视口角度进行调整。

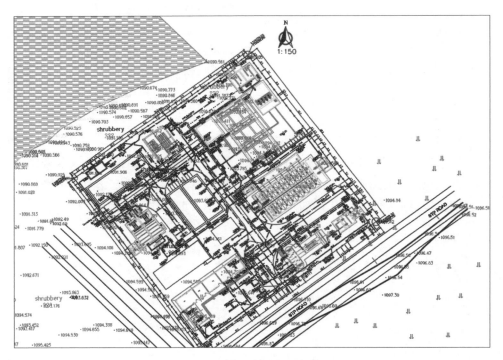

图 6-5 实际角度图形视口

在窗口输入命令"MVSETUP"，系统提示：

输入选项 [对齐(A) 创建(C) 缩放视口(S) 选项(O) 标题栏(T) 放弃(U)]：。

输入"A"，对齐；系统继续提示：

输入选项 [角度(A) 水平(H) 垂直对齐(V) 旋转视图(R) 放弃(U)]：。

输入"R",旋转视图;系统提示:

指定视口中要旋转视图的基点:。

在出图范围左下角单击确定按钮,系统提示:

指定相对基点的角度:。

输入"-35"(基点图形顺时针旋转角度为负值),按空格 / 回车键,旋转后的图形如图 6-6 所示。需要注意的是,该旋转视图仅限于布局空间,此时点击模型选项卡发现,模型空间中的图形并未旋转。

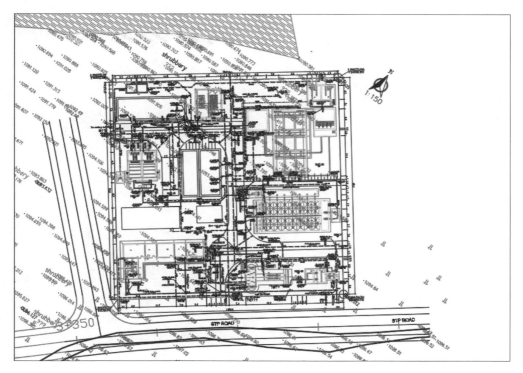

图 6-6 旋转角度后图形视口

6.2.5 打印线型

打印含地形图的平面图时,为把主体凸显出来,一般会对地形图进行显淡处理。在"打印样式表"选项组中(图 6-7)点开"打印样式表"下拉栏右侧 按钮,即可打开"打印样式表编辑器",在"表格视图"标签(图 6-8)中选中地形图中需要显淡的图形颜色,随后在特性中,将其线宽设置为 0.15,淡显 60%,则地形图就会显淡,而主体构筑物不显淡。

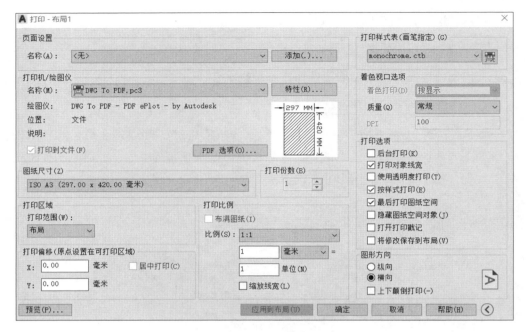

图 6-7　表格视图

图 6-8　打印样式表编辑器

6.3 场地平整图

　　场地平整就是将自然地面改造成人们所需要的平面，达到设计标高要求，并满足排水坡度的要求，在卫生填埋场场地平整设计过程中，主要确定场地的设计标高并形成场地平整图。在设计过程中，通常也将场地整平与土方计算工程合并在一起进行绘图（图 6-9）。

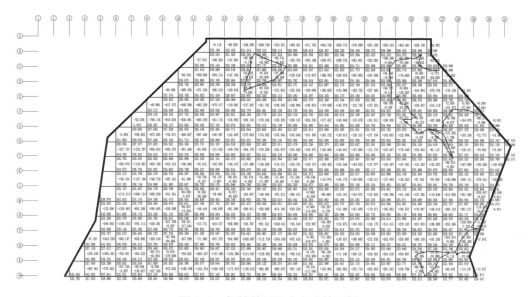

图 6-9　场地整平及土方计算示例

　　在绘制此类图时，首先将场地进行网格化，根据测量的数据，计算每个网格的挖方量、填方量，并将其与场地设计标高、场地现状标高及二者高差标注在网格中（图 6-10）。

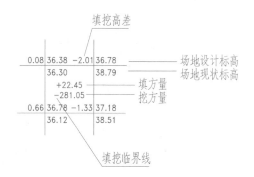

图 6-10　土方计算网格标注示例

6.4 地下水导排系统图

地下水导排系统的设计是为了能更及时有效地导排地下水，防止地下水水位过高对防渗层及保护层造成危害和破坏。

地下水导排的主要方式如下。

（1）盲沟导排方式，用土工布包裹碎石盲沟导排。盲沟需沿地势测设高程，保证排水顺畅，主盲沟及次盲沟的纵向坡度应不小于 0.5%。

（2）碎石层导排方式，碎石层下铺设反滤层，以防止淤堵，碎石层厚度不应小于 300 mm，碎石粒径应大于 30 mm。

（3）土工复合排水网导排方式，土工复合排水网用于地下水平面导排，应根据地下水的渗流量选择导水率相当的排水土工材料，用于地下水导排的土工复合排水网要求具有相当的抗拉强度和抗压强度。

地下水导排系统平面图（图 6-11）上应标注清楚地下水导排盲沟的起始点、拐点等关键位置的坐标、走向、坡度、长度、管径等内容。

地下水导排盲沟横剖面图应标注清楚垂向防渗结构信息（图 6-12）。

6.5 渗滤液导排系统图

渗滤液导排系统的主要功能是将填埋库内产生的渗滤液收集排出，并通过调节池输送至渗滤液处理系统进行处理，同时向填埋堆体供给空气，加速填埋垃圾的稳定化。为了避免因液位升高、水头变大而增加对库区地下水的污染，该系统应保证衬垫或场底以上渗滤液的水头不超过 30 cm。

渗滤液收集导排系统的设计要求能够迅速地将渗滤液从垃圾中排出，一是避免填埋垃圾长时间淹没在水中加速有害物质的浸出，增加渗滤液净化处理的难度；二是产生的渗滤液会增加下部水平衬垫层的荷载，容易使水平防渗系统因超负荷受到破坏。

渗滤液收集系统通常由导流层、收集沟、多孔收集管、集水池、提升多孔管、潜水泵和调节池等组成。如果渗滤液收集管直接穿过垃圾主坝接入调节池，则集水池、提升多孔管和潜水泵可省略。按照《城市生活垃圾卫生填埋处理工程项目建设标准》（建标〔2001〕101 号）的要求，渗滤液导排系统的所有组成部分均要按填埋场多年逐月平均降水量（通常为 20 a）计算出的渗滤液产出量设计，并保证该套系统能在初期较大流量和长期水流作用下正常运转，功能不受影响。

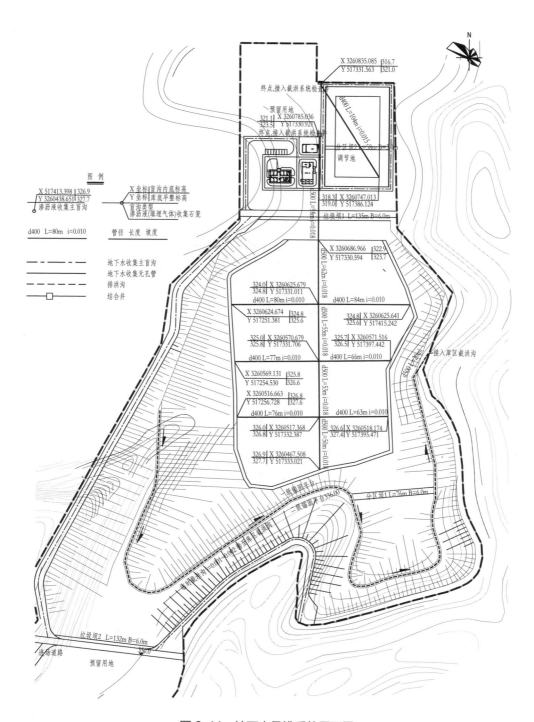

图 6-11 地下水导排系统平面图

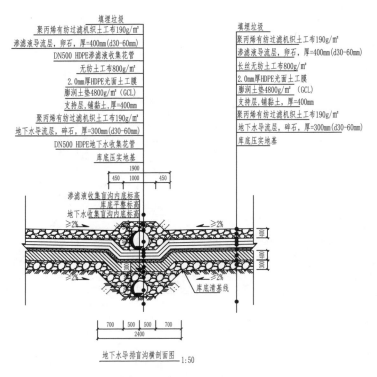

图 6-12　地下水导排盲沟横剖面图

　　渗滤液导排系统平面图上应标注清楚渗滤液收集主、次盲沟的位置的坐标、走向、坡度、长度、管径等内容（图 6-13），图中标注信息及含义如图 6-14 所示。
　　典型的渗滤液导排系统横剖面及其与水平衬垫系统、地下水导排系统的相对关系，以及渗滤液抽取井见图 6-15、图 6-16。

6.6　截洪沟系统

　　卫生填埋场的排水系统一般是根据地形、环绕填埋场修筑的一条或不同高程的数条截洪沟，用于拦截各截洪沟外围汇水区域内的降雨。当填埋区扩展到某高程的截洪沟时，就将该截洪沟排放场外的通道截断，而使其与场内为导出渗滤液而设置的导渗沟连通，变截洪沟为导渗沟。其中沟顶面高程等于最终覆盖面高程的那部分截洪沟，可改为最终覆盖面表面排水沟加以利用。
　　若填埋场是利用较大的山谷或废弃的山塘水库建造的，且其填埋库以外汇水面积较大时，可采用环场截洪沟系统，尽量减少进入填埋场的降水，达到减少渗滤液产生量的目的。该系统的优点是运转可靠、管理简单，但在较为复杂、山脊山谷较多的地形条件下，截洪沟的长度较长，建筑成本也会较高。值得注意的是，截洪沟的修筑不宜采用机械开挖施工，而应采用人工开挖，以尽量减少对原生自然植被的

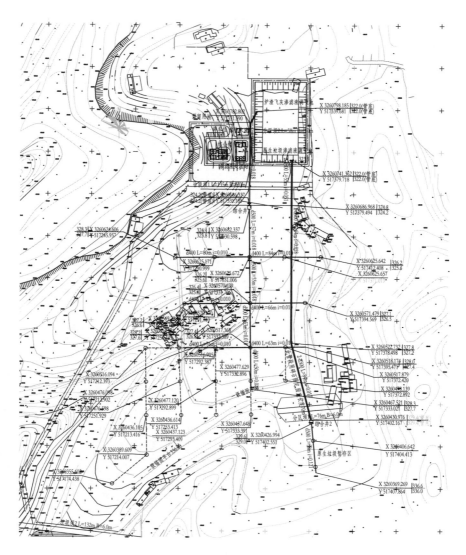

图 6-13　渗滤液导排系统平面图

图 6-14　渗滤液导排系统平面图标注内容说明

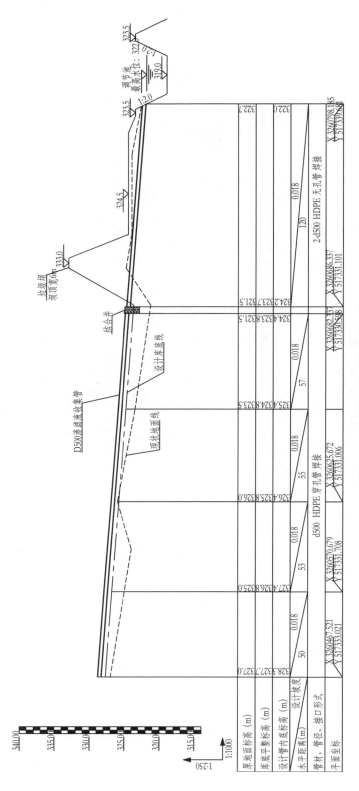

图 6-15　渗滤液导排系统横剖面图

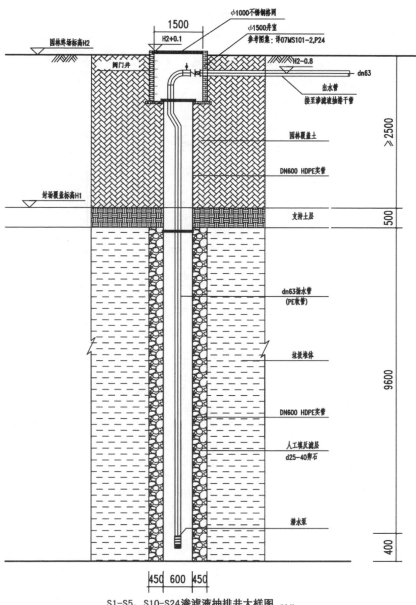

S1-S5、S10-S24渗滤液抽排井大样图 无比例

说明:
1 图中尺寸:标高以米计,其余以毫米计.
2 渗滤液抽排井位置详见渗滤液抽排系统平面布置图.
3 潜水泵采用自动控制:当井内水位升至高水位(8.00m)时开泵;当水位降至低水位(3.00m)时停泵.
4 潜水泵扬水管采用软管,设备材料表中所列扬水管长度可视实际情况作调整.
5 施工及验收按国家有关施工及验收规范进行.

图 6-16 渗滤液抽排井大样图

破坏；以免建成以后水土大量流失，给管理带来极大麻烦，甚至危及截洪沟和填埋场其他设施的安全。截洪沟系统平面布置图（图6-17）上绘制内容包括截洪沟位置及拐点坐标、走向、坡度、长度，以及截洪沟内底标高及场地平整标高等，封场后表面排水系统平面布置见图6-18。

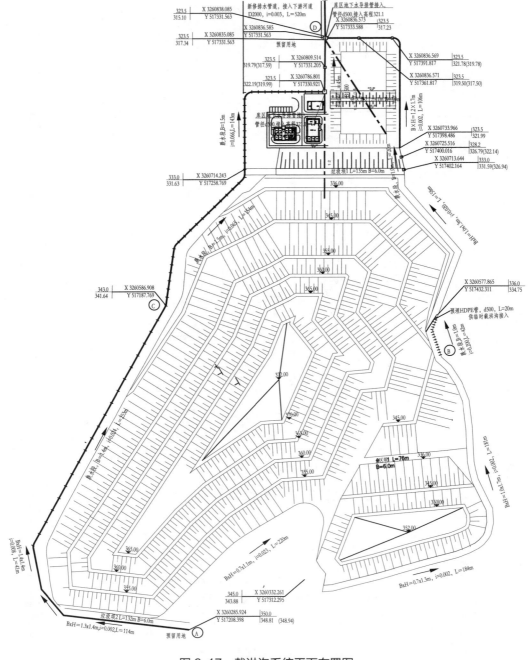

图 6-17　截洪沟系统平面布置图

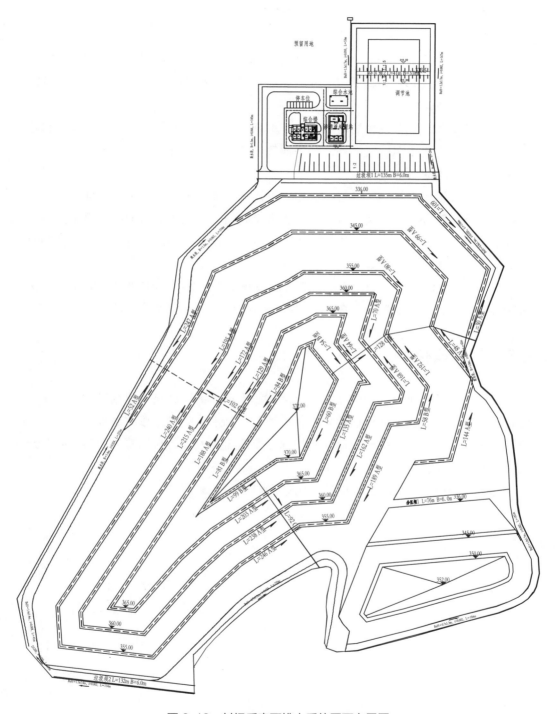

图 6-18 封场后表面排水系统平面布置图

6.7　集气系统

集气系统包括填埋气体收集和导排系统，其作用是减少填埋气体向大气的排放和在地下的横向迁移，并回收利用甲烷气体。填埋场废气的导排方式一般有两种，即主动导排和被动导排。

主动导排系统是在填埋场内铺设一些垂直的导气井或水平的盲沟，用管道将这些导气井和盲沟连接至抽气设备，利用抽气设备对导气井和盲沟进行抽气，将填埋场内产生的气体抽出来。

被动导排不用机械抽气设备，利用垃圾内的气体压力来收集填埋气体。被动收集系统根据设置方向分为竖向收集方式和水平收集方式两类。被动收集系统的优点是成本较低，而且维护保养也比较简单。若将排气口与带阀门的管子连接，被动收集系统即可转变成主动收集系统。

在图 6-19 中，填埋气体通过水平的盲沟及垂直的导气井汇集后，输送至厂区沼气发电设施进行处理，图 6-20 所示为导气井及导气石笼的剖面结构。

6.8　封场绿化图

垃圾填埋场作业至设计标高或垃圾堆放场不再受纳垃圾停止使用时，需要做封场处理。填埋场封场工程包括地表水径流控制、排水、防渗、渗滤液收集处理、填埋气体收集处理、堆体稳定、植被类型选择及覆盖等内容。封场覆盖剖面结构及绿化见图 6-21 及图 6-22。

更多垃圾填埋场封场工程设计样例见附图 2。

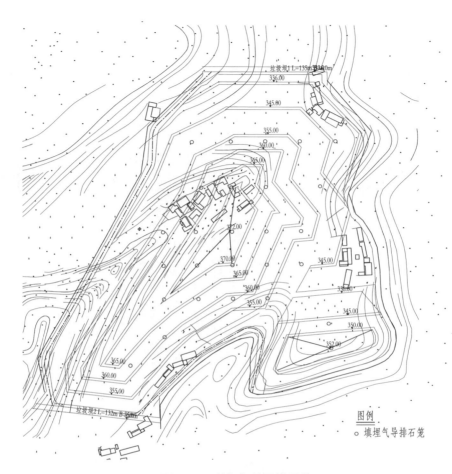

图 6-19 填埋气体导排系统

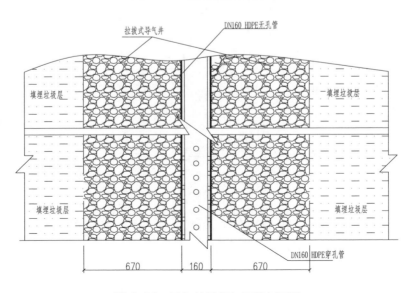

图 6-20 导气井及导气石笼剖面图

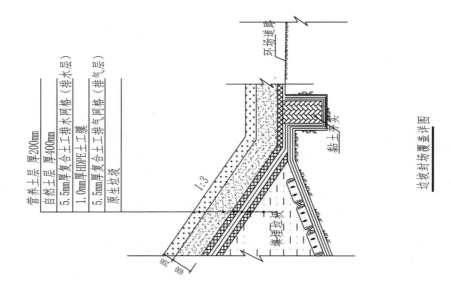

边坡封场覆盖详图

营养土层 厚200mm
自然土层 厚400mm
5.5mm厚复合土工排水网格（排水层）
1.0mm厚HDPE土工膜
5.5mm厚复合土工排气网格（排气层）
原生垃圾

环场道路
黏土开关
填埋垃圾
1:3
200
400

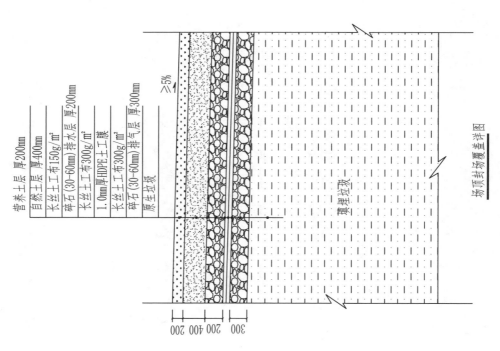

场顶封场覆盖详图

营养土层 厚200mm
自然土层 厚400mm
长丝土工布150g/m²
碎石(30~60mm)排水层 厚200mm
长丝土工布300g/m²
1.0mm厚HDPE土工膜
长丝土工布300g/m²
碎石(30~60mm)排气层 厚300mm
原生垃圾

≥5%
填埋垃圾

200 400 200 300

图6-21 封场覆盖结构剖面图

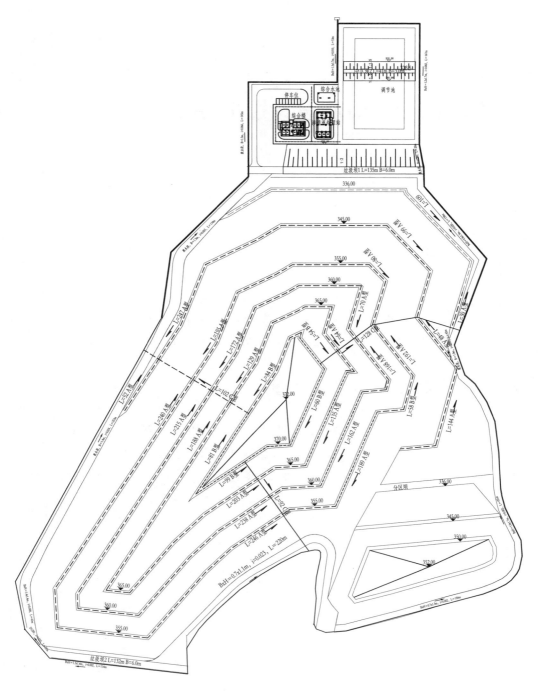

图 6-22 封场绿化

第7章
大气污染治理设施设计图的绘制

🎯 **本章小结**

　　（1）掌握车间布局等小尺寸图纸的绘制方法。

　　（2）熟悉垃圾焚烧发电工程图纸组成，熟悉图纸绘制内容及标注信息。

　　（3）了解焚烧系统、烟气净化系统及发电机组结构及图形表达方法。

7.1　垃圾焚烧发电工艺流程图

　　垃圾焚烧发电厂主要由垃圾接收与储存、垃圾焚烧、余热利用、烟气处理、自动控制、电气、灰渣处理、垃圾渗滤液收集输送及给排水等子系统组成。其工艺流程主要包括垃圾、烟气、空气、灰渣及汽水等内容。其中以与垃圾、烟气相关的工艺流程为主要工艺流程。典型垃圾焚烧发电工艺流程如图 7-1 所示。

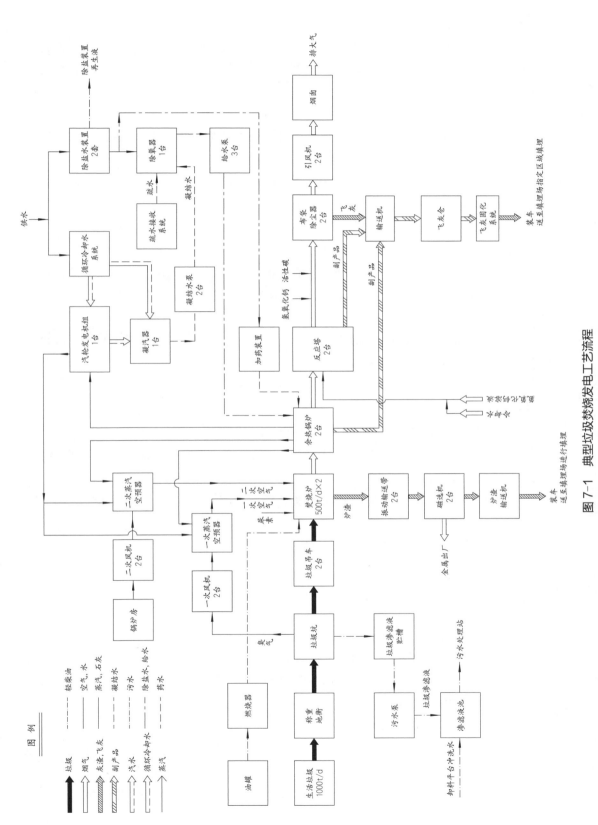

图 7-1 典型垃圾焚烧发电工艺流程

　　工艺流程图是工艺设计的关键文件，是以规定的图形、符号、文字表示工艺流程中的设备、构筑物、管道、附件、仪表等及其排列次序与连接方式，反映物料流向与操作条件的工程图纸。

　　工艺流程图一般分为两类，一类称为工艺方案流程图，另一类称为工艺安装流程图。工艺方案流程图又名工艺流程示意图或工艺流程简图，定性地标出了污染治理的路线，同时绘制出各种工艺过程、设备以及连接的管线。

　　工艺方案流程图包括流程、图例、设备一览表 3 部分。流程中包括设备示意图、流程管线及流向箭头、文字注解。图例中只需标出管线图例，而阀门、仪表等无须标出。

　　工艺方案流程图的绘制步骤如下。

　　（1）用细实线根据流程从左到右，依次画出各种设备示意图，近似反映设备外形尺寸和高低位置；各设备之间留有一定的距离用于布置管线；每个设备从左到右依次加上流程编号。

　　（2）用不同线型画出主要流程线，并配上流向箭头。在流程线开始和终了位置用中文注出污染物名称、来源和去处。

　　（3）画出非主要流程线，如空气、水的流程线，并配上方向箭头，在开始和终了位置上用文字注明介质的名称。

　　（4）流程线的位置应近似反映管线的安装位置。

　　（5）两条流程线相交时，一般是细实线让粗实线，粗实线流程线不断，细实线断开，具体操作时视具体情况而定。

　　（6）在图的下方写清标题，并在合适位置注明图例、设备编号及名称等信息。

7.2　垃圾焚烧发电厂平面布置图

7.2.1　功能分区

　　垃圾焚烧发电厂厂区可分为生产区、辅助生产区及生活办公区。

　　（1）生产区包括焚烧主厂房、上料坡道、烟囱等。

　　（2）辅助生产区包括综合水泵房、冷却塔、工业及消防水池、净化水装置、地磅及地磅房、油库及油泵房、渗滤液处理站等。

　　（3）生活办公区由综合楼、宿舍、食堂及相应生活设施组成。

7.2.2　总平面布置

　　从工艺流程、厂区外部衔接条件、预留发展等方面考虑，垃圾焚烧发电厂的总体布置应综合考虑多种因素，图 7-2 为某垃圾焚烧发电厂平面布置，其布置说明如下。

（1）综合主厂房。

综合主厂房包括了生产区的主要功能，因体量较大，地位较突出，是总平面布置中的重点和核心，故总体布置时将综合主厂房布置在场地的中央。其他各功能区则围绕综合主厂房布置，并尽量靠近各自的服务对象，这种布置方式不仅使其他各功能区与综合主厂房之间有紧密的交通及工艺联系，缩短了管线连接的长度，降低了投产后的运营费用，而且使整个厂区的建筑群体组合重点突出，主次分明，各组成要素之间相互依存、相互制约，具有良好的条理性和秩序感。

（2）辅助生产区。

1）供水及水处理区。

供水及水处理区主要对全厂用水进行消毒净化并送至各用水点，其中循环冷却水管管径较大，因此，将整个供水及水处理区布置在主厂房的东侧，紧靠汽机间，以缩短循环水管长度，减小能耗，同时也能保证消防等用水的便利。

2）渗滤液处理站。

渗滤液处理站有恶臭污染，布置在厂区西南侧，位于主导风向的下风向，对全厂影响最小。

3）其他设施。

辅助生产区主要包括物流大门、垃圾称量设施及停车场。为称量方便，地磅及地磅房应布置在垃圾运输主线路上。

（3）生活办公区。

生活办公区是全厂的办公生活中心，也是对外联络的门户，考虑到该地区常年主导风向为东北方向，为减少噪声和垃圾处理过程中散发的有害气体对区域环境的影响，总体布局时将综合楼布置在场地的东南部。此外，生活区宜布置在靠近厂外道路且与其他功能区交通方便的区域，便于管理及对外联络，方便职工生活。

7.2.3 焚烧车间布置图

综合主厂房的焚烧车间内布置了焚烧系统、余热利用系统及烟气净化系统。

（1）焚烧系统。

主要设施包括垃圾进料装置、垃圾焚烧装置、灰渣处理装置、燃烧空气装置、启动点火与辅助燃烧装置及其他辅助装置。

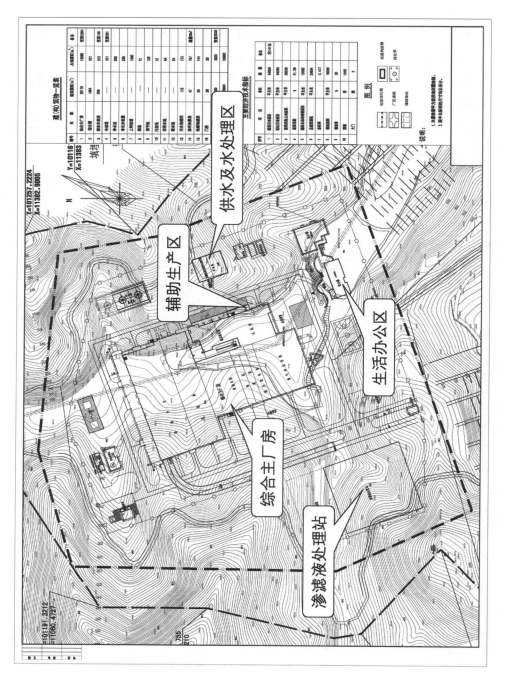

图 7-2 典型垃圾焚烧发电厂平面布置

（2）余热利用系统。

余热利用系统主要设施为汽轮发电机组和热力、给水、脱盐水处理等系统装置。三台垃圾焚烧余热锅炉产生的过热蒸汽汇集到主蒸汽母管，在主蒸汽母管上分别引出两根管道经汽机主气门进入两台凝汽式汽轮机中做功驱动发电机发电后，排汽进入凝汽器冷凝为凝结水。凝结水由凝结水泵加压后进入中压热力除氧器。除氧后的130℃给水由锅炉给水泵送至余热锅炉循环。空气预热器所需加热蒸汽从汽轮机某级抽汽和汽包抽取，加热后冷却的凝结水返回至中压除氧器。

（3）烟气净化系统。

烟气净化系统主要工艺设施包括脱酸装置、除尘装置、石灰浆制备系统、氢氧化钙喷射系统、活性炭喷射系统、脱氮系统、引风机、烟气在线检测装置和其他必要的设施。

焚烧炉渣按一般固体废物处理，焚烧飞灰按危险废物处理。焚烧炉渣与除尘设备收集的焚烧飞灰应分别收集、贮存和运输。炉渣处理系统应包括除渣冷却、输送、储存、除铁等设施，炉渣热灼减率应不大于3%。炉渣送填埋场进行填埋处置。飞灰在焚烧厂内进行飞灰固化处理，满足《危险废物鉴别标准　浸出毒性鉴别》（GB 5085.3—2007）和《生活垃圾填埋场污染控制标准》（GB 16889—2008）的浸出毒性标准要求后，送填埋场指定区域进行填埋处置。飞灰处理系统应包括飞灰收集、输送、储存、排料、受料、处理等设施。

7.2.4　焚烧车间绘制

绘制焚烧车间时，首先在 AutoCAD 2021 中画出轴线，形成轴线网，方便定位，轴线通常有水平轴线、竖向轴线。在图层里可以设置轴线层，有了这些轴线，绘制墙体时就更容易定位，构筑物 / 建筑物里的任意一根柱子、一面墙就能被迅速找到，也方便了设计和施工。

定位轴线通常利用构造线、直线等运用偏移、修剪等命令绘制。依据《房屋建筑制图统一标准》（GB/T 50001—2017）"8 定位轴线"的有关规定，定位轴线线型为细单点长画线（0.25b），定位轴线编号圆应用细实线绘制，直径为8～10 mm。定位轴线的圆心应在定位轴线的延长线或延长线的折线上。横向编号是从左向右顺序编写，编号为 1，2，3…，纵向编号是从下向上顺序编写，编号为 A、B、C…（图 7-3）。

在绘制轴线时，一般先绘制出 1 轴线和 A 轴线，其余进行已知的距离偏移即可，轴线间距视具体结构而定，可以是等距，也可以是非等距。当然构筑物结构较为简单，也可以直接绘图，省略定位轴线。

轴线绘制完成后，根据实际设计尺寸，调用图形绘制及图形编辑功能，将图纸内容逐一绘制即可（图 7-4）。

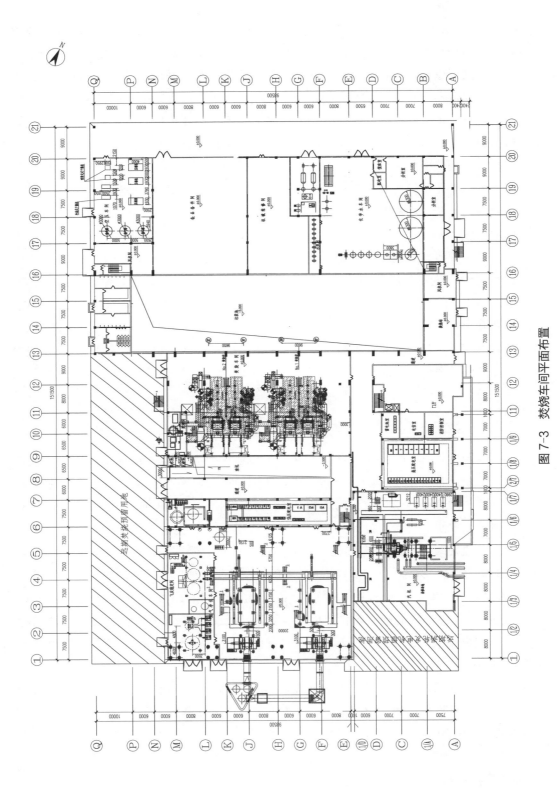

图 7-3　焚烧车间平面布置

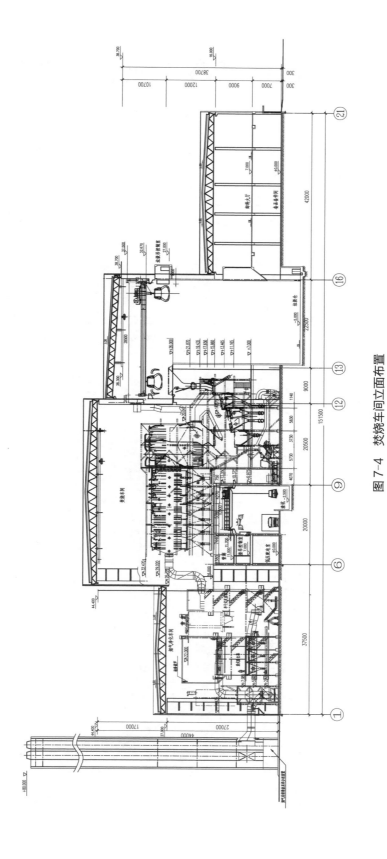

图 7-4　焚烧车间立面布置

附表 CAD 快捷键

快捷键	操作	快捷键	操作
L	直线	A	圆弧
C	圆	T	多行文字
RAY	射线	B	块定义
E	删除	I	块插入
H	填充	W	定义块文件
TR	修剪	CO	复制
EX	延伸	MI	镜像
PO	点	O	偏移
U	返回	D	标注样式
DDI	直径标注	DLI	线性标注
DAN	角度标注	DRA	半径标注
OP	系统选项设置	OS	对象捕捉设置
M	MOVE（移动）	SC	比例缩放
P	PAN（平移）	Z	局部放大
Z+E	显示全图	Z+A	显示全屏
MA	属性匹配	AL	对齐
【CTRL】+1	修改特性	【CRTL】+S	保存文件
【CTRL】+Z	放弃	【CRTL】+C	复制
【F8】	正交开关	【CRTL】+V	粘贴
【F3】	对象捕捉开关		

（一）常用综合类快捷键

01 绘图命令

PO，*POINT（点）   C，*CIRCLE（圆）

L，*LINE（直线）   A，*ARC（圆弧）

XL，*XLINE（构造线）   DO，*DONUT（圆环）

PL，*PLINE（多段线）   EL，*ELLIPSE（椭圆）

ML，*MLINE（多线）   REG，*REGION（面域）

SPL，*SPLINE（样条曲线）   MT，*MTEXT（多行文本）

POL，*POLYGON（正多边形）   T，*MTEXT（多行文本）

REC，*RECTANGLE（矩形）   B，*BLOCK（块定义）

DIV，*DIVIDE（等分）   I，*INSERT（插入块）

ME，*MEASURE（定距等分）   W，*WBLOCK（定义块文件）

H，*BHATCH（填充）

02 修改命令

CO，*COPY（复制）   EX，*EXTEND（延伸）

MI，*MIRROR（镜像）   S，*STRETCH（拉伸）

AR，*ARRAY（阵列）   LEN，*LENGTHEN（直线拉长）

O，*OFFSET（偏移）   SC，*SCALE（比例缩放）

RO，*ROTATE（旋转）   BR，*BREAK（打断）

M，*MOVE（移动）   CHA，*CHAMFER（倒角）

E，DEL 键 *ERASE（删除）   F，*FILLET（倒圆角）

X，*EXPLODE（分解）   PE，*PEDIT（多段线编辑）

TR，*TRIM（修剪）   ED，*DDEDIT（修改文本）

03 视窗缩放

P，*PAN（平移）   Z+P，* 返回上一视图

Z+ 空格 + 空格，* 实时缩放   Z+E，显示全图

Z，* 局部放大   Z+W，显示窗选部分

04 尺寸标注

DLI，*DIMLINEAR（直线标注）   DBA，*DIMBASELINE（基线标注）

DAL，*DIMALIGNED（对齐标注）   DCO，*DIMCONTINUE（连续标注）

DRA，*DIMRADIUS（半径标注）   D，*DIMSTYLE（标注样式）

DDI，*DIMDIAMETER（直径标注）   DED，*DIMEDIT（编辑标注）

DAN，* DIMANGULAR（角度标注）   DOV，*DIMOVERRIDE（替换标注系统变量）

DCE，*DIMCENTER（中心标注）　DAR，（弧度标注，CAD2006）
DOR，*DIMORDINATE（点标注）　DJO，（折弯标注，CAD2006）
LE，*QLEADER（快速引出标注）

05 对象特性

ADC，*ADCENTER（设计中心"Ctrl+2"）RE，*REDRAW（重新生成）
CH，MO *PROPERTIES（修改特性"Ctrl+1"）REN，*RENAME（重命名）
MA，*MATCHPROP（属性匹配）　　　SN，*SNAP（捕捉栅格）
ST，*STYLE（文字样式）　　　　　DS，*DSETTINGS（设置极轴追踪）
COL，*COLOR（设置颜色）　　　　OS，*OSNAP（设置捕捉模式）
LA，*LAYER（图层操作）　　　　　PRE，*PREVIEW（打印预览）
LT，*LINETYPE（线型）　　　　　TO，*TOOLBAR（工具栏）
LTS，*LTSCALE（线型比例）　　　V，*VIEW（命名视图）
LW，*LWEIGHT（线宽）　　　　　AA，*AREA（面积）
UN，*UNITS（图形单位）　　　　　DI，*DIST（距离）
ATT，*ATTDEF（属性定义）　　　LI，*LIST（显示图形数据信息）
ATE，*ATTEDIT（编辑属性）　　　IMP，*IMPORT（输入文件）
AL，*ALIGN（对齐）　　　　　　OP，PR*OPTIONS（自定义 CAD 设置）
EXIT，*QUIT（退出）　　　　　　PRINT，*PLOT（打印）
EXP，*EXPORT（输出其他格式文件）　PU，*PURGE（清除垃圾）
BO，*BOUNDARY（边界创建，包括创建闭合多段线和面域）

（二）常用 CTRL 快捷键

【CTRL】+1 *PROPERTIES（修改特性）　【CTRL】+X*CUTCLIP（剪切）
【CTRL】+2*ADCENTER（设计中心）　【CTRL】+C *COPYCLIP（复制）
【CTRL】+0 *OPEN（打开文件）　　　【CTRL】+V *PASTECLIP（粘贴）
【CTRL】+N、M*NEW（新建文件）　　【CTRL】+B*SNAP（栅格捕捉）
【CTRL】+P*PRINT（打印文件）　　　【CTRL】+F*OSNAP（对象捕捉）
【CTRL】+S *SAVE（保存文件）　　　【CTRL】+G *GRID（栅格）
【CTRL】+Z*UNDO（放弃）　　　　　【CTRL】+L*ORTHO（正交）
【CTRL】+U*（极轴）　　　　　　　【CTRL】+W*（对象追踪）

（三）常用功能键

【F1】*HELP（帮助）　　　　　【F7】*GRIP（栅格）
【F2】*（文本窗口）　　　　　【F8】正交
【F3】*OSNAP（对象捕捉）

零基础

怎样快速掌握CAD制图？

◗ 微课视频

→ 本书绘图实操演示。

◗ 干货分享

→ 工程制图核心知识点总结，复习必备！

→ CAD常见100+操作、400+图例清单。

 扫码查看视频讲解

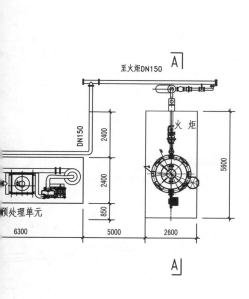

至火炬DN150

火炬

DN150

2400

2400

850

5600

预处理单元

6300   5000   2600

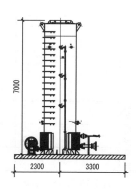

7000

2300   3300

A-A 剖面图 1:100

				工程名称	生活垃圾卫生填埋场封场工程	
				子　项		
审　定		专业负责人				设 计 号	
审　核		校　核		填埋气体处理工艺图	设计阶段	
项目负责人		设　计			图　号	
					日　期	

本处理工艺图

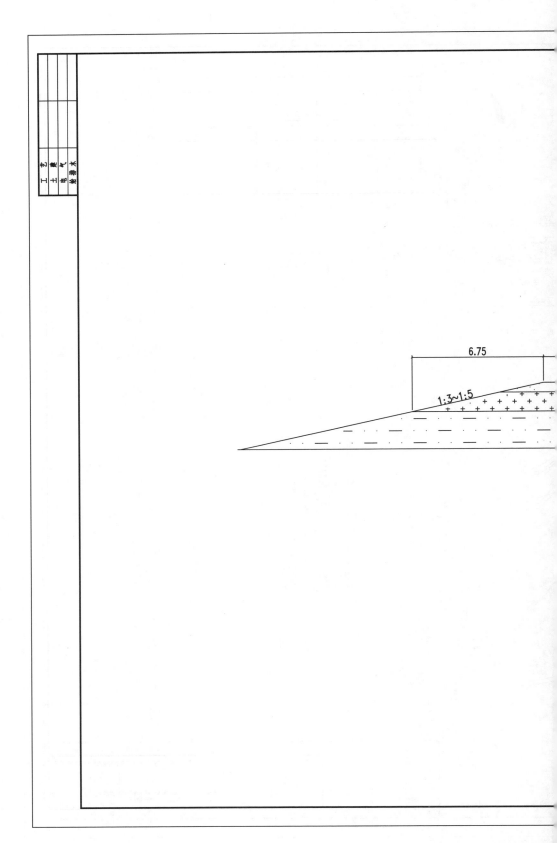

6.75

1:3~1:5

附图 2-13

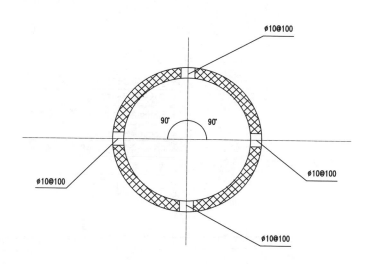

HDPE花管开孔断面图
（石笼内dn160导气管）

说明:
1. 尺寸, 管径单位:毫米.

工程名称	生活垃圾卫生填埋场封场工程			
子 项				
审 定		专业负责人	设 计 号	
			设计阶段	
审 核		校 核	集气井大样图	图 号	
项目负责人		设 计		日 期	

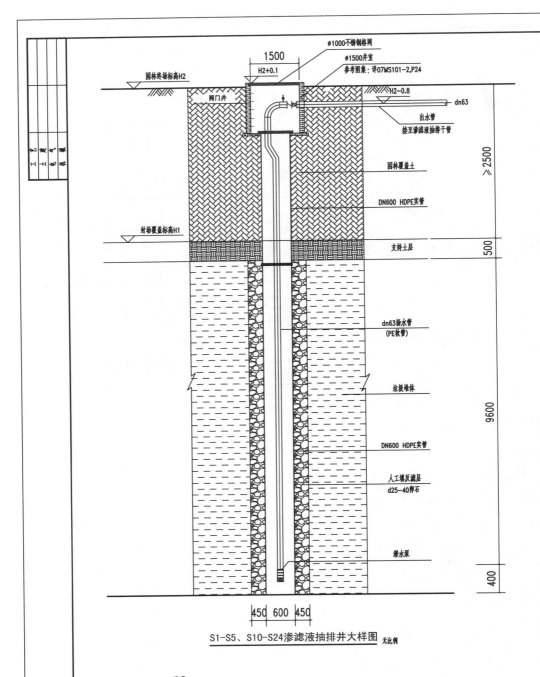

S1-S5、S10-S24渗滤液抽排井大样图 无比例

说明:
1 图中尺寸:标高以米计,其余以毫米计。
2 渗滤液抽排井位置详见渗滤液抽排系统平面布置图。
3 潜水泵采用自动控制:当井内水位升至高水位(8.00m)时开泵;当水位降至低水位(3.00m)时停泵。
4 潜水泵扬水管采用软管,设备材料表中所列扬水管长度可视实际情况作调整。
5 施工及验收按国家有关施工及验收规范进行。

200 200 200

花管 1:20

开孔15×30

1-1剖面图 1:20

开孔∅15

2-2剖面图 1:20

工程名称	生活垃圾卫生填埋场封场工程			
子 项				
			设 计 号	
	渗滤液导排盲沟大样图		设计阶段	
			图 号	
			日 期	

审 定		专业负责人	
审 核		校 核	
项目负责人		设 计	

非盲沟大样图

附图 2-9 某卫生

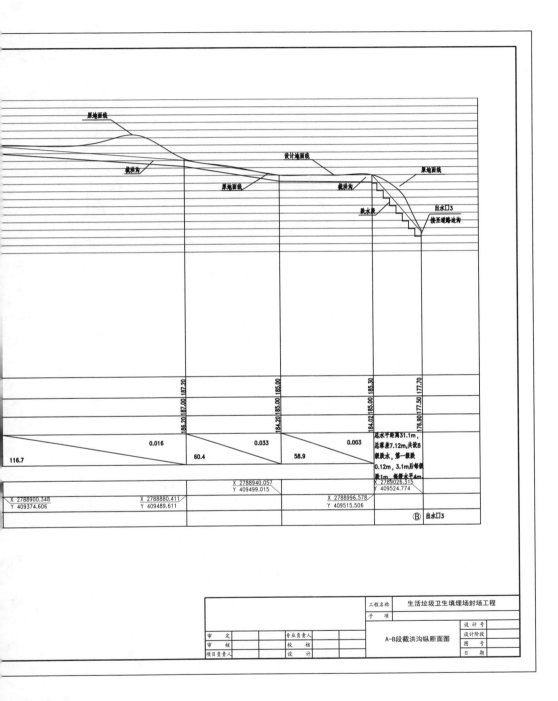

洪沟断面布置图

附图 2-7 某工

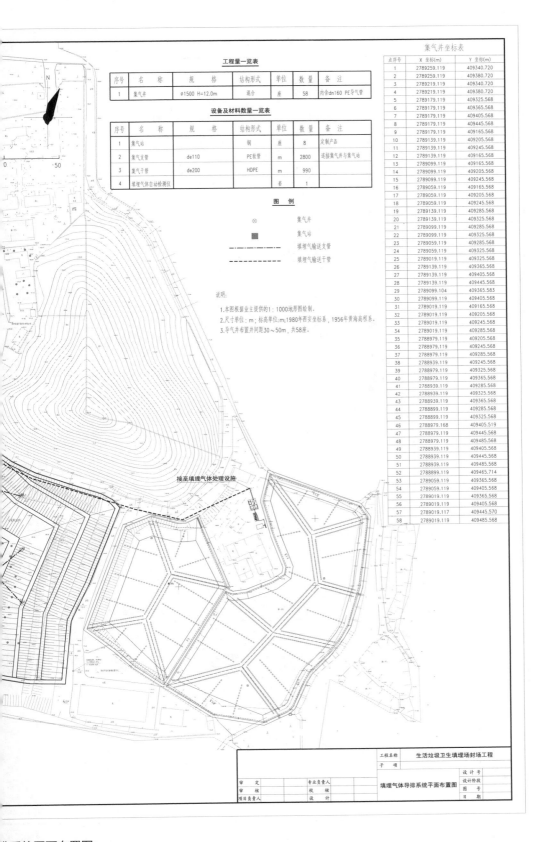

工程量一览表

序号	名称	规格	结构形式	单位	数量	备注
1	集气井	φ1500 H=12.0m	混合	座	58	内含dn160 PE导气管

设备及材料数量一览表

序号	名称	规格	结构形式	单位	数量	备注
1	集气站		钢	座	8	定制产品
2	集气支管	de110	PE软管	m	2800	连接集气井与集气站
3	集气干管	de200	HDPE	m	990	
4	填埋气体自动检测仪			套	1	

图例

⊗　　集气井

■　　集气站

— · — · —　　填埋气输送支管

— — — — —　　填埋气输送干管

说明:

1.本图根据业主提供的1:1000地形图绘制。

2.尺寸单位:m;标高单位:m;1980年西安坐标系,1956年黄海高程系。

3.导气井布置井间距30～50m,共58座。

接至填埋气体处理设施

集气井坐标表

点序号	X 坐标(m)	Y 坐标(m)
1	2789259.119	409340.720
2	2789259.119	409380.720
3	2789219.119	409340.720
4	2789219.119	409380.720
5	2789179.119	409325.568
6	2789179.119	409365.568
7	2789179.119	409405.568
8	2789179.119	409445.568
9	2789179.119	409165.568
10	2789139.119	409205.568
11	2789139.119	409245.568
12	2789139.119	409165.568
13	2789099.119	409205.568
14	2789099.119	409205.568
15	2789099.119	409245.568
16	2789059.119	409165.568
17	2789059.119	409205.568
18	2789059.119	409245.568
19	2789139.119	409285.568
20	2789139.119	409325.568
21	2789099.119	409285.568
22	2789099.119	409325.568
23	2789059.119	409285.568
24	2789059.119	409325.568
25	2789019.119	409325.568
26	2789139.119	409365.568
27	2789139.119	409405.568
28	2789139.119	409445.568
29	2789099.104	409365.583
30	2789099.119	409405.568
31	2789019.119	409165.568
32	2789019.119	409205.568
33	2789019.119	409285.568
34	2789019.119	409285.568
35	2788979.119	409205.568
36	2788979.119	409245.568
37	2788979.119	409285.568
38	2788939.119	409245.568
39	2788979.119	409325.568
40	2788979.119	409365.568
41	2788939.119	409285.568
42	2788939.119	409325.568
43	2788939.119	409365.568
44	2788899.119	409285.568
45	2788899.119	409325.568
46	2788979.168	409405.519
47	2788979.119	409445.568
48	2788979.119	409485.568
49	2788939.119	409445.568
50	2788939.119	409445.568
51	2788939.119	409485.568
52	2788899.119	409465.714
53	2789059.119	409365.568
54	2789059.119	409405.568
55	2789019.119	409365.568
56	2789019.119	409405.568
57	2789019.117	409445.570
58	2789019.119	409485.568

工程名称	生活垃圾卫生填埋场封场工程		
子项			
		设计号	
审定　　　　　专业负责人	填埋气体导排系统平面布置图	设计阶段	
审核　　　　　校核		图号	
项目负责人　　　设计		日期	

非系统平面布置图

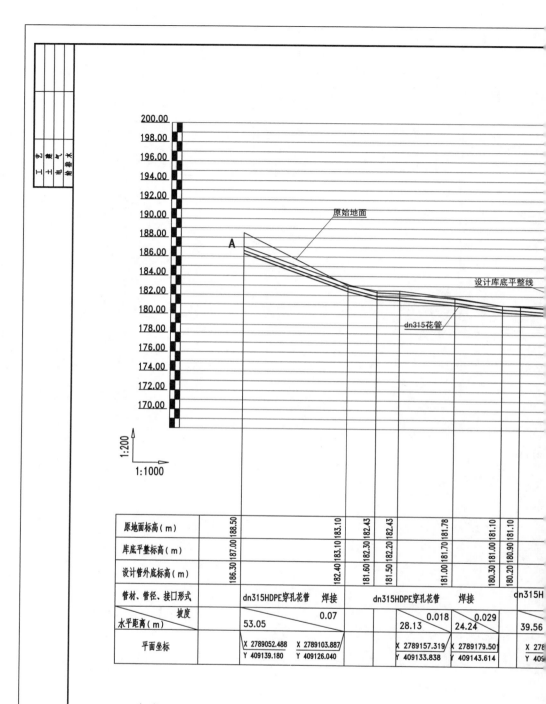

比例尺 1:200（竖向）
1:1000（横向）

图中标注：原始地面、设计库底平整线、dn315花管、A点

原地面标高(m)	188.50		183.10	182.43	182.43	181.78	181.10	181.10
库底平整标高(m)	187.00		183.10	182.30	182.20	181.70	181.00	180.90
设计管外底标高(m)	186.30		182.40	181.60	181.50	181.00	180.30	180.20
管材、管径、接口形式		dn315HDPE穿孔花管　焊接		dn315HDPE穿孔花管　焊接				dn315H
坡度 / 水平距离(m)		0.07 / 53.05		0.018 / 28.13		0.029 / 24.24		39.56
平面坐标		X 2789052.488 Y 409139.180	X 2789103.887 Y 409126.040			X 2789157.319 Y 409133.838	X 2789179.501 Y 409143.614	X 278 Y 409

说明：

1. 尺寸单位：m；标高单位：m；1980年西安坐标系，1956年黄海高程系。

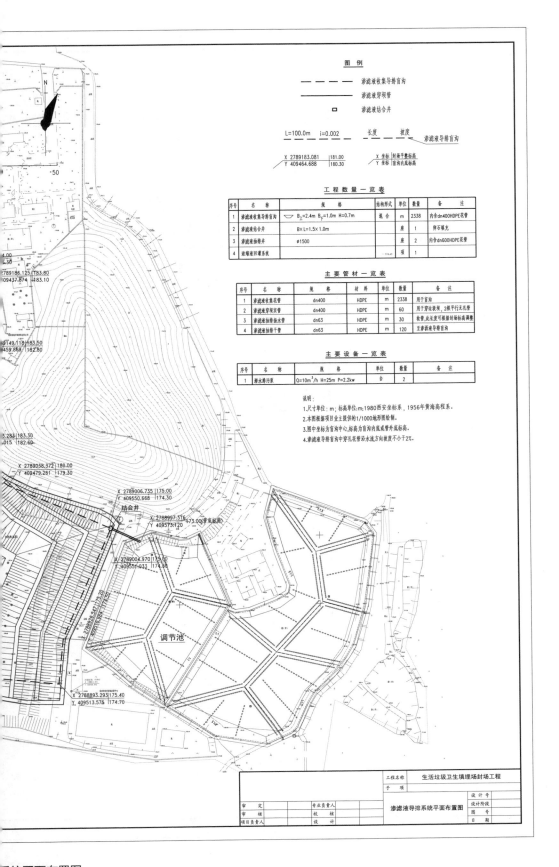

图例

- ━━ ━━ ━━ ━━ 　渗滤液收集导排盲沟
- ━━━━━━━━━━　渗滤液穿坝管
- ▫　渗滤液结合井

L=100.0m　i=0.002　　长度　坡度　渗滤液导排盲沟

X 2789183.081 | 181.00　　　X 坐标 | 封场平整标高
Y 409464.688 | 180.30　　　Y 坐标 | 盲沟内底标高

工程数量一览表

序号	名称	规格	结构形式	单位	数量	备注
1	渗滤液收集导排盲沟	B₁=2.4m B₂=1.0m H=0.7m	覆合	m	2338	内含dn400HDPE花管
2	渗滤液结合井	B×L=1.5×1.0m	座	1	卵石填充
3	渗滤液抽排井	φ1500	座	2	内含dn600HDPE花管
4	渗滤液回灌系统			项	1	

主要管材一览表

序号	名称	规格	材料	单位	数量	备注
1	渗滤液收集花管	dn400	HDPE	m	2338	用于盲沟
2	渗滤液穿坝实管	dn400	HDPE	m	60	用于穿坝接驳，2根平行无孔管
3	渗滤液抽排抽水管	dn63	HDPE	m	30	软管,此长度可根据场标高调整
4	渗滤液抽排干管	dn63	HDPE	m	120	主渗沥液导排盲沟

主要设备一览表

序号	名称	规格	单位	数量	备注
1	潜水排污泵	Q=10m³/h H=25m P=2.2kw	台	2	

说明

1. 尺寸单位：m；标高单位：m；1980西安坐标系，1956年黄海高程系。
2. 本图根据项目业主提供的1/1000地形图绘制。
3. 图中坐标为盲沟中心,标高为盲沟内底或管外底标高。
4. 渗滤液导排盲沟中穿孔花管沿水流方向坡度不小于2%。

		工程名称	生活垃圾卫生填埋场封场工程		
		子项			
				设计号	
审定		专业负责人		设计阶段	
审核		校核	渗滤液导排系统平面布置图	图号	
项目负责人		设计		日期	

系统平面布置图

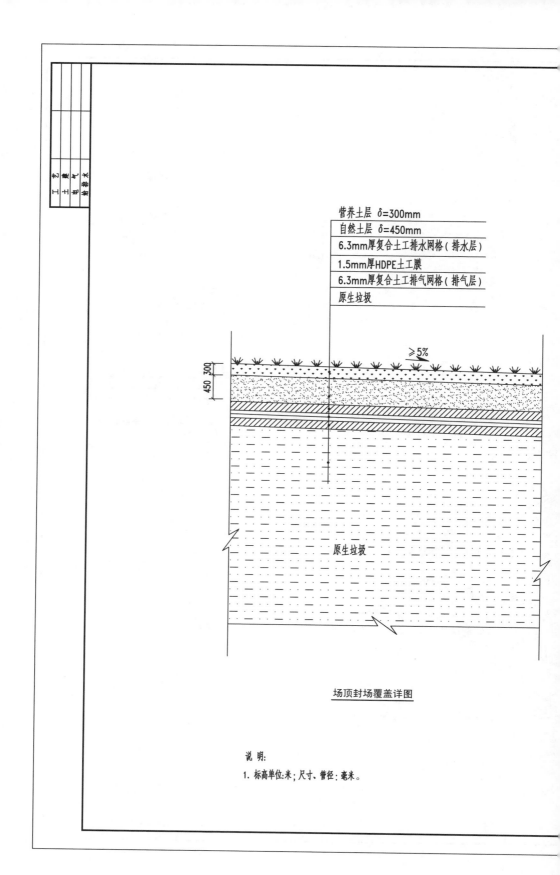

营养土层 δ=300mm
自然土层 δ=450mm
6.3mm厚复合土工排水网格（排水层）
1.5mm厚HDPE土工膜
6.3mm厚复合土工排气网格（排气层）
原生垃圾

≥5%

450 300

原生垃圾

场顶封场覆盖详图

说 明：
1. 标高单位:米；尺寸、管径:毫米。

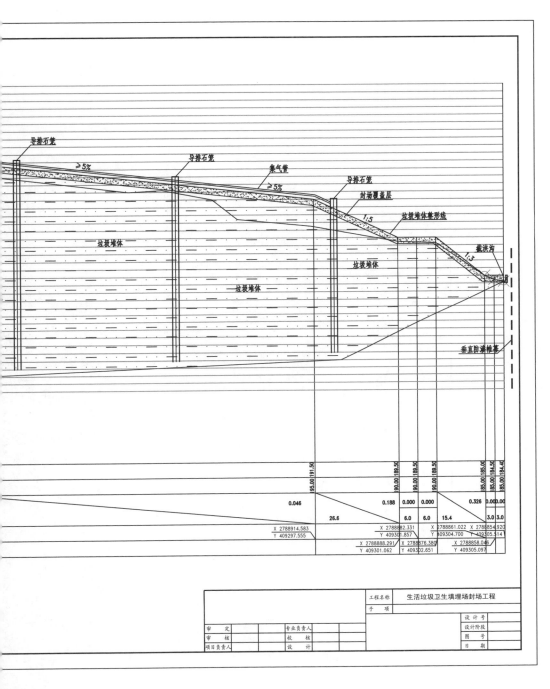

导排石笼
≥5%
导排石笼
集气管
≥5%
导排石笼
封场覆盖层
垃圾堆体
1:5
垃圾堆体雏形线
垃圾堆体
垃圾堆体
1:3
截洪沟
垃圾堆体
垂直防渗帷幕

	195.00	191.50		190.00	189.50	190.00	189.50	190.00	189.50	185.00	185.00	185.00	184.50	185.00	184.4
	0.046			0.188		0.000		0.000			0.326			0.000	0.00
		26.6				6.0		6.0			15.4			3.0	3.0

X 2788914.583
Y 409297.555

X 2788882.331
Y 409301.857

X 2788861.022
Y 409304.700

X 2788854.920
409305.314

X 2788888.291
Y 409301.062

X 2788876.380
Y 409302.651

X 2788858.046
Y 409305.097

工程名称	生活垃圾卫生填埋场封场工程			
子　项				
			设　计　号	
	专业负责人		设计阶段	
审　定			图　号	
审　核	校　核		日　期	
项目负责人	设　计			

立面布置图

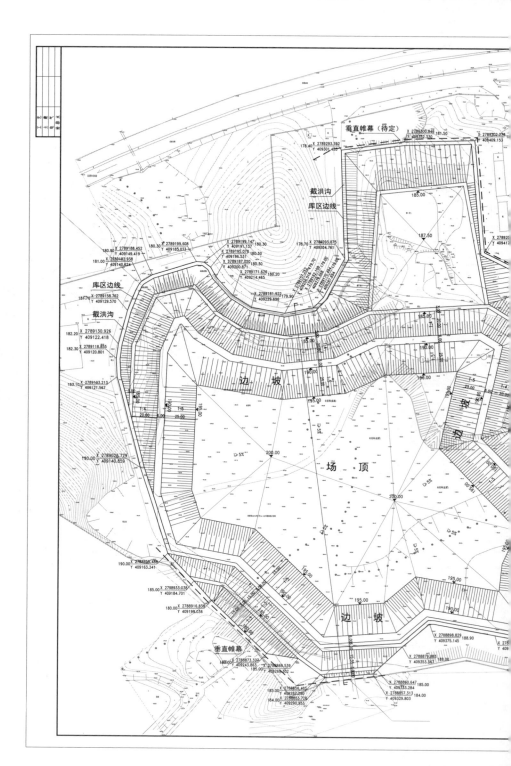

① 图纸来自桂林理工大学环境产业联盟。

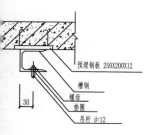

预埋钢板 250X200X12

槽钢

螺母

垫圈

吊杆 d=12

30

侧面图

部大样示意图

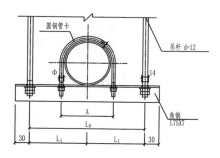

圆钢管卡

吊杆 d=12

Φ

14

角钢 L75X7

30   L₁   L₁   30

A

L₀

立面图

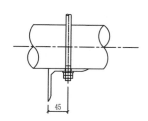

45

侧面图

尺寸表

编号	立管直径	L_0	L_1	A	Φ	d
1	D219X6	460	230	294	18	16
2	D325X6	540	270	346	18	16

420

平面图

部大样示意图

⑦ ⑧ 双杆吊架大样示意图

某设计院			图号	
设计		曝气生物滤池工艺图（10）	比例	
绘图			日期	

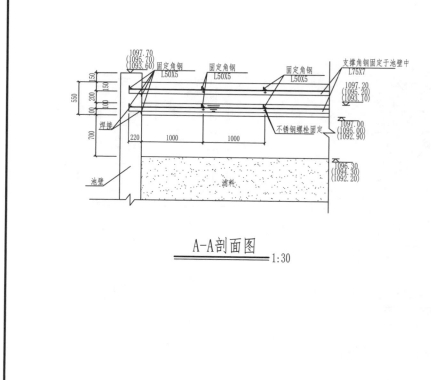

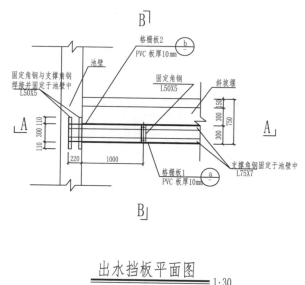

A-A剖面图 1:30

出水挡板平面图 1:30

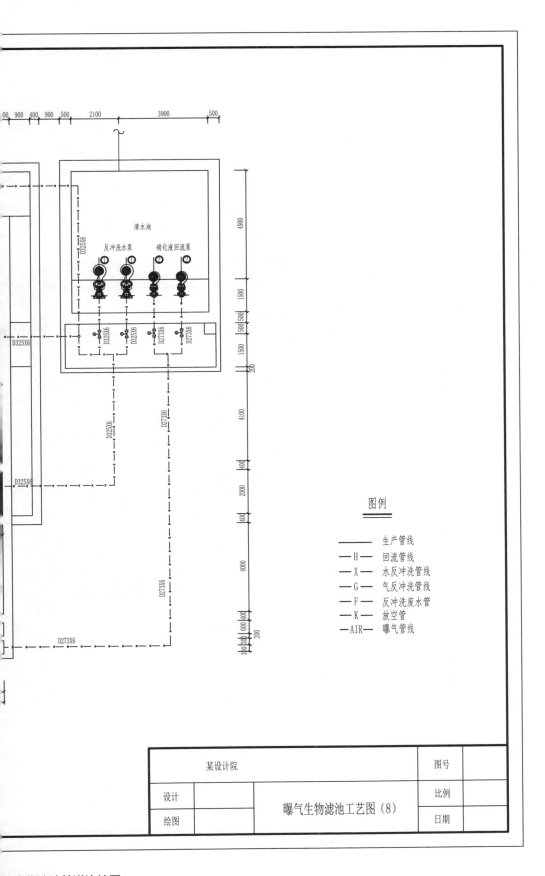

图例

—————— 生产管线
—— H —— 回流管线
—— X —— 水反冲洗管线
—— G —— 气反冲洗管线
—— F —— 反冲洗废水管
—— K —— 放空管
——AIR—— 曝气管线

某设计院		曝气生物滤池工艺图（8）	图号	
设计			比例	
绘图			日期	

气生物滤池管道连接图

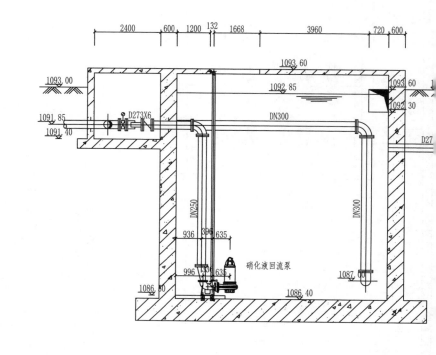

2400   600   1200   132   1668   3960   720   600

1093.60

1093.00

1092.85

1093.60

1092.30

1091.85
1091.40

D273X6

DN300

D27

DN250

DN300

936 | 396 | 635

硝化液回流泵

996 | 396 | 635

1087.

1086.50

1086.40

H-H 剖面图 1:50

说明：

本图尺寸标高以米计，其余标高以毫米计。

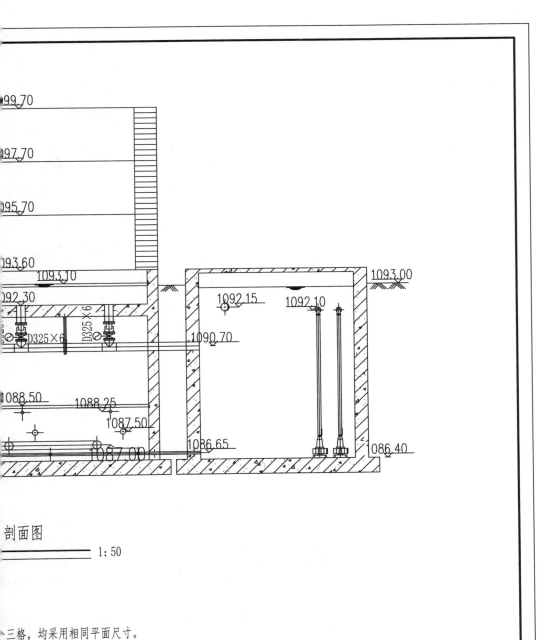

剖面图

━━━━━━━━ 1:50

三格，均采用相同平面尺寸。

洗气速16L/（㎡/s）。

过程：将进水和出水电动阀拨至开启位置。曝气
确保反应池内有足够的溶解氧。②反冲洗过程：

某设计院			图号	
设计		曝气生物滤池工艺图（6）	比例	1：50
绘图			日期	

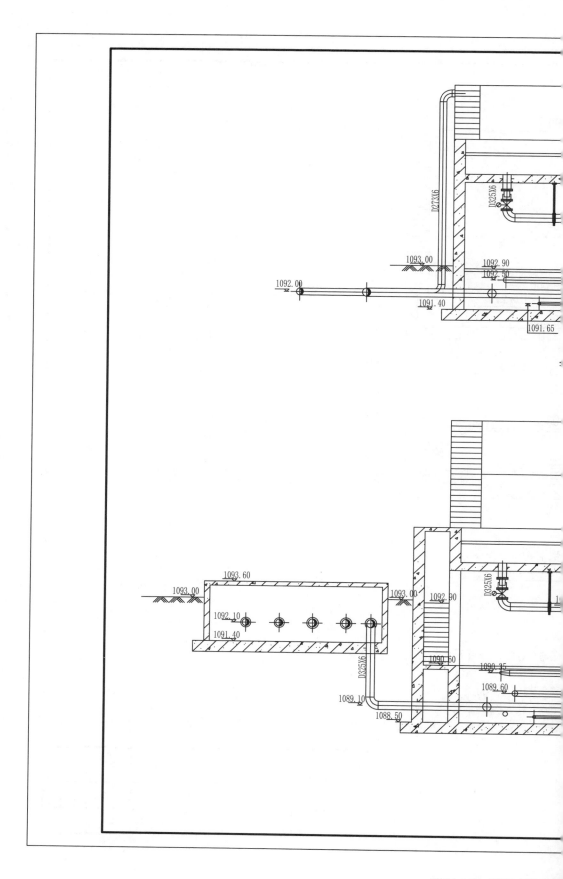

附图 1-9 某污水处理站

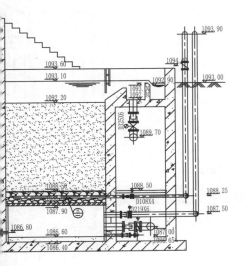

1093.90
1093.60
1093.10
1092.90
1092.20
D125X6
1089.70
D108X4
D219X6
1088.50
1088.90
1087.90
1086.80
1086.60
1086.40
1094
1093.00
1093.20
1092.90
1088.25
1087.50
1087.00
1086.65

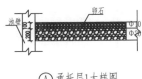

卵石
池壁
Φ10
Φ20

Ⓐ 承托层1大样图   1:20

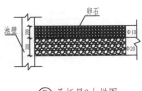

卵石
池壁
Φ10
Φ20

Ⓑ 承托层2大样图   1:20

说明：

本图尺寸单位标高以米计，其余以毫米计。

某某设计院			图号	
设计		曝气生物滤池工艺图（4）	比例	1:50
绘图			日期	

暴气生物滤池剖面图（一）

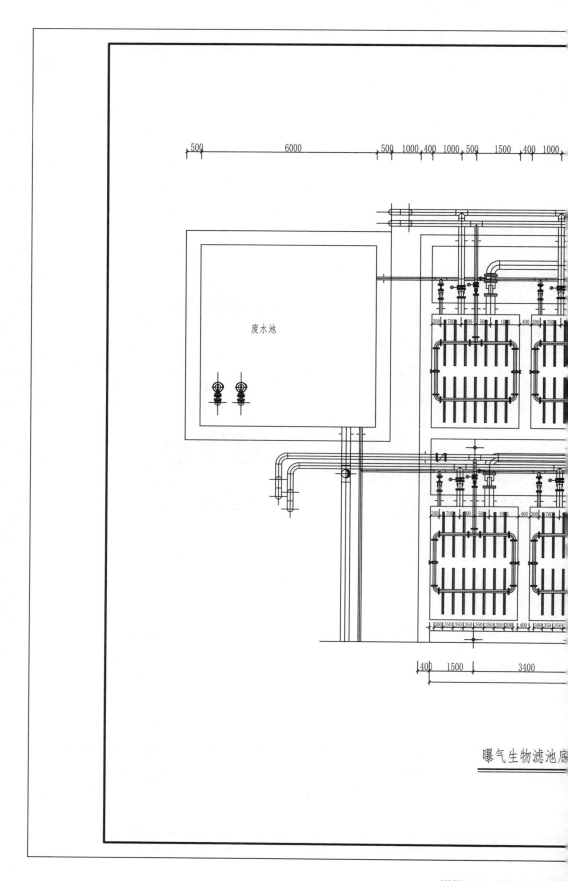

废水池

曝气生物滤池底

500   6000   500 1000 400 1000 500   1500   400 1000

附图 1-7 某污水处理站

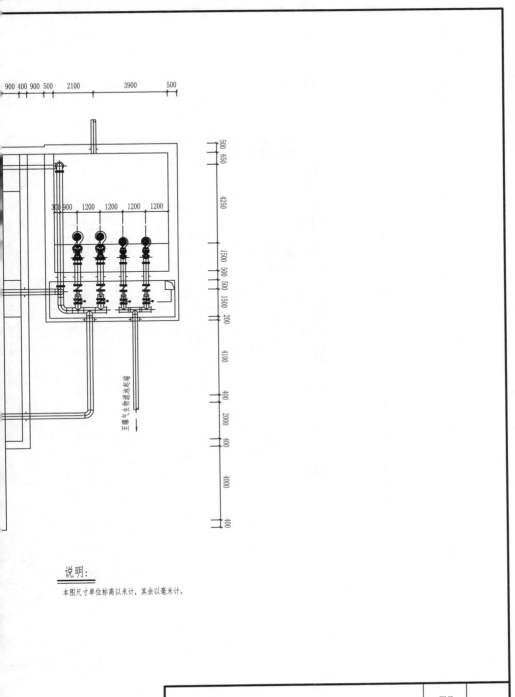

900 400 900 500　　2100　　　　3900　　　500

500
660
4250
1500
500
500
1500
200
4100
400
2000
400
4000
400

300 900　1200　1200　1200　1200

至曝气生物滤池进水

说明:

本图尺寸单位标高以米计,其余以毫米计。

某设计院				图号	
设计		曝气生物滤池工艺图(2)		比例	1:100
绘图				日期	

曝气生物滤池中间层平面图

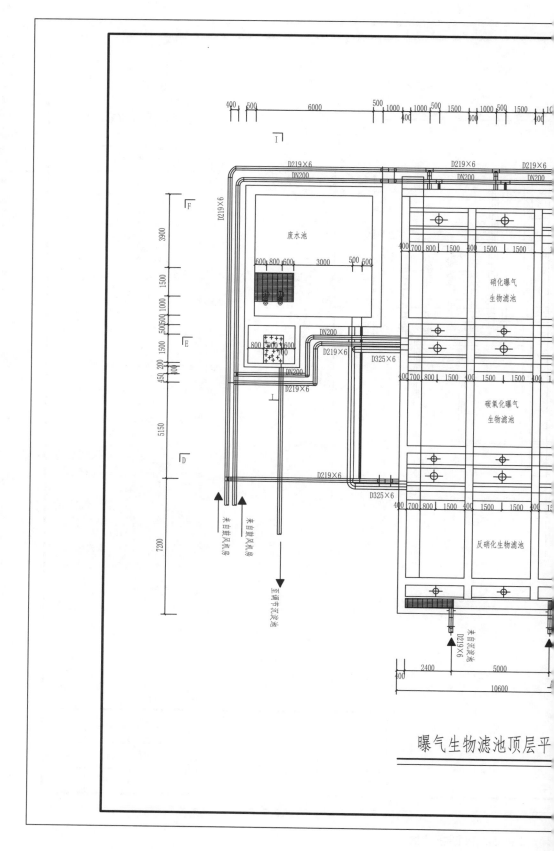

曝气生物滤池顶层平

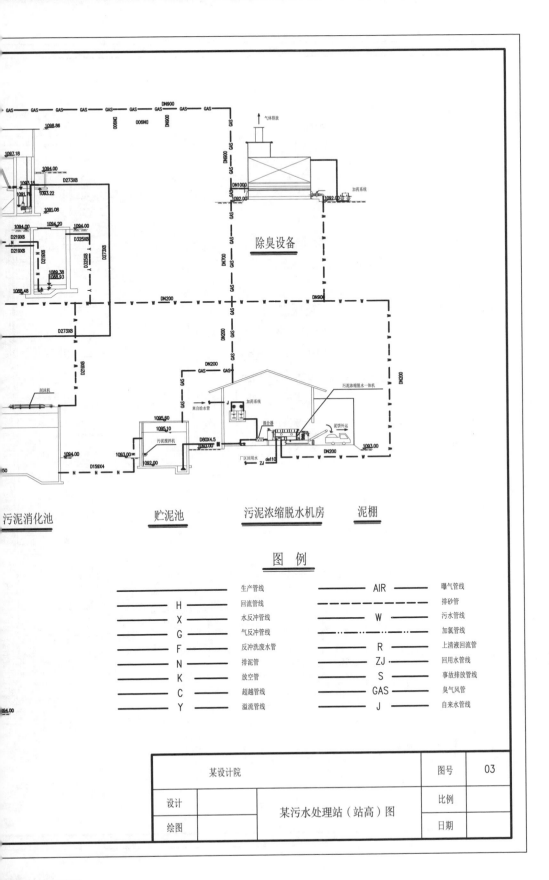

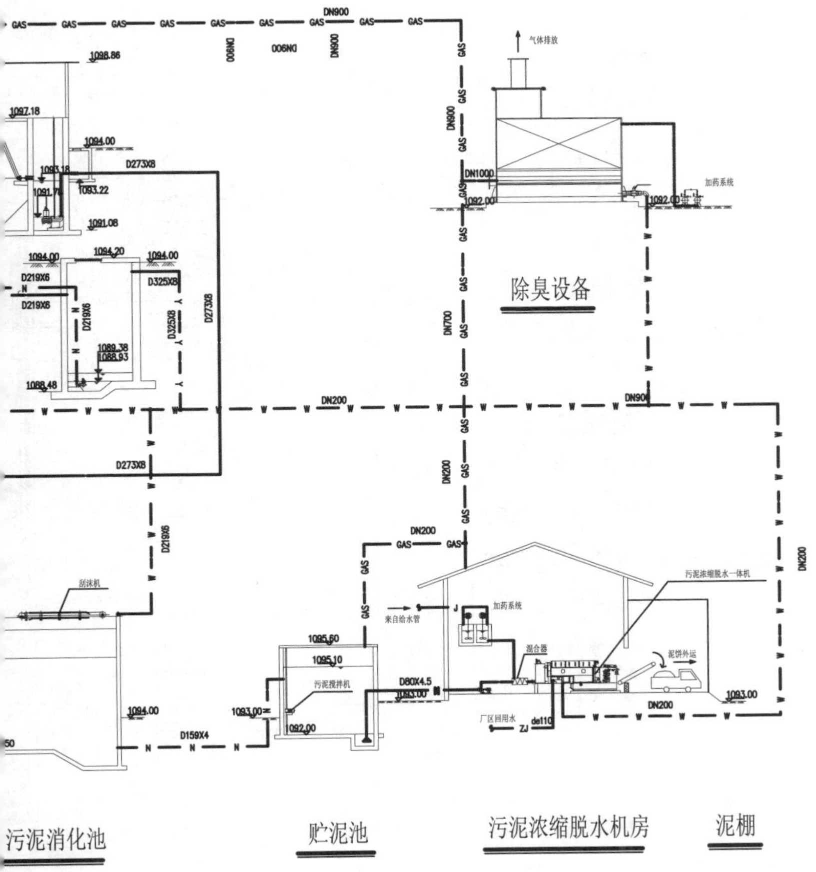
GAS
DN900
DN700
DN200
DN1000
DN900
DN200
气体排放
加药系统
除臭设备
1098.86
1097.18
1094.00
1093.18
1093.22
1091.78
1091.08
1094.00
1094.20
1094.00
D273X8
D219X6
D325X8
1089.38
1088.93
1088.48
刮泥机
1094.00
D159X4
1095.60
1095.10
污泥搅拌机
1093.00
1092.00
来自给水管
加药系统
混合器
D80X4.5
1093.00
厂区回用水
de110
污泥浓缩脱水一体机
泥饼外运
1093.00
1092.00
污泥消化池
贮泥池
污泥浓缩脱水机房
泥棚

图 例

图例	名称	图例	名称
——————	生产管线	—— AIR ——	曝气管线
—— H ——	回流管线	— — — — —	排砂管
—— X ——	水反冲管线	—— W ——	污水管线
—— G ——	气反冲管线	—··—··—	加氯管线
—— F ——	反冲洗废水管	—— R ——	上清液回流管
—— N ——	排泥管	—— ZJ ——	回用水管线
—— K ——	放空管	—— S ——	事故排放管线
—— C ——	超越管线	—— GAS ——	臭气风管
—— Y ——	溢流管线	—— J ——	自来水管线

某设计院			图号	03
设计		某污水处理站（站高）图	比例	
绘图			日期	

置图（站高图）

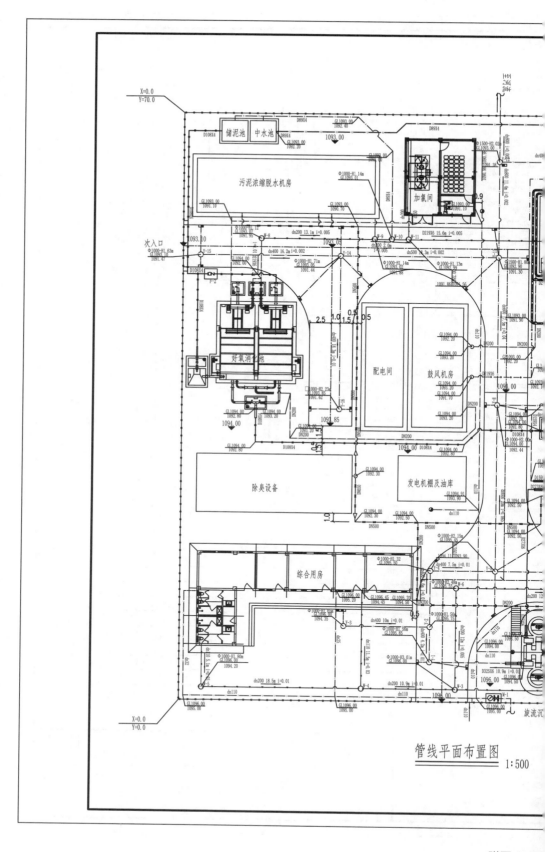

管线平面布置图
1:500

附图 1-3

主要构（建）筑物一览表

序号	名称	规格	结构型式	单位	数量	备注
1	粗格栅	L*B*H=3.5*2.1*4.05	钢混	个	1	
2	污泥提升泵	地下部分深：4.85m； 地上部分高：5.40m； L*B=4.0*6.1m	钢混	个	1	
3	细格栅渠	L*B*H=9.34*2.2*1.29m	钢混	个	1	
4	旋流沉砂池	直径1.83m*2.8m	钢混	个	2	
5	调节沉淀池	L*B*H=22.9*9.6*6.6m	钢混	个	1	
6	曝气生物滤池	L*B*H=21.8*9.8*7.2m	钢混	个	1	
7	接触消毒池	L*B*H=8.2*4.5*2.3m	钢混	个	1	
8	好氧污泥消化池	L*B*H=9.0*8.4*4.0m	钢混	个	1	
9	贮泥池	L*B*H=3.0*2.5*3.5m	钢混	个	1	
10	中水池	L*B*H=3.0*2.5*3.5m	钢混	个	1	
11	污泥浓缩脱水机房	L*B*H=21.6*7.5*6.9m	框架	个	1	
12	加氯间	L*B*H=9.0*8.0*4.5m	框架	个	1	
13	鼓风机房	L*B*H=15.3*6.9*6.5m	框架	个	1	
14	变配电间	L*B*H=15.3*5.4*4.5m	框架	个	1	
15	综合用房	A=131m²	框架	个	1	
16	发电机房及油库	L*B*H=7.9*5.4*4.5m	轻钢棚架	个	1	
17	除臭装置	L*B*H=18.0*7.0m		个	1	
18	主入口	B=6.0m		个	1	
19	次入口	B=5.0m		个	1	
20	围墙	H=2.5m	砖砌	个	280	
21	道路		沥青混凝土	m²	1068	
22	清水池	L*B*H=6.4*6.0*7.2m	钢混	个	1	
23	废水池	L*B*H=5.5*6.6*7.2m	钢混	个	1	

说明：

1、图中所注构筑物尺寸为内壁尺寸，构筑物为建筑轴线尺寸，尺寸单位米计。

2、净水厂处理规模1 700³/d，占地4 900m²。

图例

	围墙及大门		道路
	建筑物		水厂

某某设计院		图号	01
设计	某污水处理站总平面布置图	比例	1:500
制图		日期	

平面布置图

污水处

一、设计规模、工程范围

1、设计规模：工程设计水量1700m³/d。

2、污水厂工艺流程：采用粉碎机、细格栅、旋流沉砂池、平流沉淀池、曝气生物滤池、接触消毒处理工艺流程。

3、工程范围：本工程设计包含厂内部分的全部建构筑物及地下各种工艺设施、管线。

二、厂区管线设计

1、尺寸线标注：构筑物至池壁内侧，建筑物至建筑轴线，各种管、沟、渠至中心线。

2、管材

1）生产管线、回流管、水反冲管、气反冲管、反冲洗废水管、排泥管、放空管、溢流管、

事故及超越管、全部采用钢管，材质为Q235，钢管外径及管壁的设计厚度：

D325X6mm、D273X6mm、D219X6mm、D159X4mm、D108X4mm、D89X4。

2）曝气管：采用不锈钢管，材料为0Cr18Ni9，管径为DN250、DN150。

3）厂内回用水管、自来水管：采用PVC-U给水管，工作压力选用1.0MPa。

4）污水管、雨水管：采用硬聚氯乙烯（PVC-U）双壁波纹管，环刚度≥8kN/m²。

5）雨水口连接管：采用DN200 PVC-U双壁波纹管，以1%坡度接入雨水检查井，环刚度≥8kN/m²。

6）加药、加氯管：加药管采用PVC-U管；加氯管采用PVC-U管，工作压力选用1.0MPa。

7）臭气风管：臭气风管采用玻璃钢管。

3、管道防腐

1）PVC-U、PE管无需防腐。

2）钢管及管件

（1）内壁及水池中水位以下管道外壁：

采用IPN8710-2防腐底漆二道，IPN8710-2防腐面漆二道，其干膜厚度应≥130μm。

（2）外壁：

①地下水位以上管道外壁防腐：

采用IPN8710-3防腐底漆一道，脱脂玻璃布两层，IPN8710-3厚浆型面漆三道，

其干膜厚度应≥400μm。

②地下水位以下管道外壁防腐：

采用加强等级环氧煤沥青涂料，结构为底漆-面漆-中碱无捻无蜡玻璃布-面漆-面漆，

其干膜厚度应≥400μm。

（3）钢管内外壁防腐漆操作程序及注意事项应按厂家要求。

（4）涂装前清理要求：防腐前必须对涂装表面进行彻底清理，要求涂装面无锈、无氧化皮、无油污、无水分及灰尘。

3）明装管道及外露铁件：

采用刷铁红环氧树脂底漆两道，过氯乙烯防腐漆两道，过氯乙烯防腐面漆两道；单体图纸中说明了的以图纸说明为准。

4、管道接口

1）钢管：钢管自身连接、管道与阀门、流量仪、伸缩器等的连接采用钢法兰，法兰材料选用Q235，法兰制作尺寸及

承受压力与相对应的设备法兰一致；管件距离太近时应采用对焊接口。

2）PVC-U管：采用胶水黏接接口或法兰连接。

3）PE管：采用热熔连接或法兰连接。

4）PVC-U双壁波纹排水管：采用承插式橡胶圈连接。

5、管道基础

1）钢管：采用天然地基、弧形素

2）塑料PE管采用砂砾土基础，

3）PVC-U双壁波纹排水管采用

因施工原因地基原状土被扰动

在达到规定地基承载力后再铺

6、沟槽开挖及回填要求

1）沟槽开挖：

管道沟槽开挖注意不得超挖

如果局部超挖或发生扰动，

2）沟槽回填：

管道沟槽回填不能用垃圾、有

棱角的杂硬物体，并采取分层

管道回填土密实度要求：

除特殊要求外，基槽回填按

Ⅰ区（胸腔填土）：95%

Ⅱ区（管顶以上500mm范

Ⅲ区（管顶以上500mm以

7、阀门井、检查井的井盖及盖座

1）井盖采用φ700复合材料井

2）位于道路、人行道的井盖

200mm，并向外作成0.0

8、管道水压试验

1）管道试验压力：

钢管试验压力应为工作压力

PE管、PVC-U管的试验压

厂内生产主干管，实际工作

2）管道试验：

a.压力管道水压试验：

预试验阶段：将管道内水压

但不得高于试验压力；检查

时停止升压，查明原因并采

主试验阶段：停止补水试验

力下降不超过0.02MPa时

无漏水现象，则水压试验合

b.无压力管道严密性试验：

试验管道灌满水后侵泡时间

的试验水头超过上游检查井

无漏水现象，且满足下列要求

工艺设计说明

版本号	日期	描述	设计	校核	审定
A		施工图第一版			

钢筋混凝土管：实测渗水量小于或等于 $33.00 m^3/(24h\cdot km)$；
化学建材管道：实测渗水量小于或等于 $(0.0046XD)m^3/(24h\cdot km)$；D指管道内径（mm）

三、设备安装

1、应用本工程中的水泵、阀门、风机、吊车、电机及其他成套设备应符合相关行业标准。
   设备技术参数必须满足设计要求。

2、本工程中的设备尺寸、基础形式、预埋件、安装大样须待设备订货后由供货商提供。

3、所有阀门、水泵、电机、吊车等设备均应按照供货方提供的产品使用说明书及有关规范安装、
   调试、验收。

4、设备安装前应核对各专业（工艺、土建、电气）图纸，保证型号与尺寸准确无误。设备实际选用
   型号与设计采用型号不符时，应重新核对安装尺寸。

四 、施工注意事项

1、所有尺寸以图纸标注尺寸为准，不得以比例尺度量为依据。

2、构筑物的相关位置，应按照总平面图准确测量、放线、定位。

3、生产构筑物的高程必须准确，满足各单体构筑物的标高要求，除特殊要求外，
   高程允许误差不得超过±10mm。

4、土建施工必须与管道施工及设备安装密切配合，所有图中规定预理、预留的
   穿墙管件、孔洞等，必须在土建施工时准确定位预留、预理，不得事后凿洞，影响
   工程质量。

5、土建施工时应特别注意施工场地及基坑排水。

6、与水泵、阀门、流量计等相连的法兰盘，其规格、孔眼尺寸、间距、数量、压力
   等级必须与设备法兰盘一致。

7、工艺图纸中涉及建（构）物物壁厚及池底厚度以结构图为主，净空尺寸、孔口位置及尺寸以水施图为准。

8、管道穿建筑物墙壁或楼板时，需预埋套管；穿构筑物池壁时采用刚性止水翼环，止水翼环安装做法见图2，
   止水翼环安装前，穿墙管应与翼环周边满焊，并在混凝土浇筑前就位，就位时应采取措施保证穿墙管的设计
   轴线位置和高程。

9、各单体施工注意事项详各单体设计说明。

（左栏·裁切内容）

不得受扰动。

为管底以下100mm，管顶以上300mm。

地铺设一层厚度为100mm砂砾土基础层。

载力时，必须先对地基进行加固处理，

层。基础表面应平整，其密实度应达到85%～90%。

以砂砾土垫实，并做好施工排水，以免扰动原状土地基

或5～40mm的碎石，整平夯实。

二、淤泥质土作填料。回填土中不得含有石块、砖及其它带有

手层填土厚度200～300mm）。

但回填土的密实度要求不得低于下列数值（作法见图1）：

90%（要求用木夯夯实）

填土填方修筑道路。

在行车道采用重型；在人行道、绿花带采用轻型。

路面齐平；位于绿花带的井盖及盖座，要求比周围地面高出

MPa，且不小于0.9MPa；

作压力的1.5倍，且不小于0.8MPa；

MPa，进行无压力管道严密性试验。

至试验压力并稳压30min，期间如有压力下降可注水补压，

配件等处有无漏水、损坏现象；有漏水、损坏现象时应及

后重新试压。

min；当15min后钢管压力无下降，PE管和UPVC管压

压力降至工作压力，并保持恒压30min，进行外观检查若

24h；试验水头应以实验段上游管顶内壁加2m计，计算出

以上游检查井井口高度为准；实验过程中，进行外观检查若

水压试验合格。

工程名称			
设计		图名	污水处理站工艺设计总说明
校对			
批准			
监理		图号	版本
设计阶段	施工图	比例 1:100@A2	日期：	页码：

理站工艺设计说明

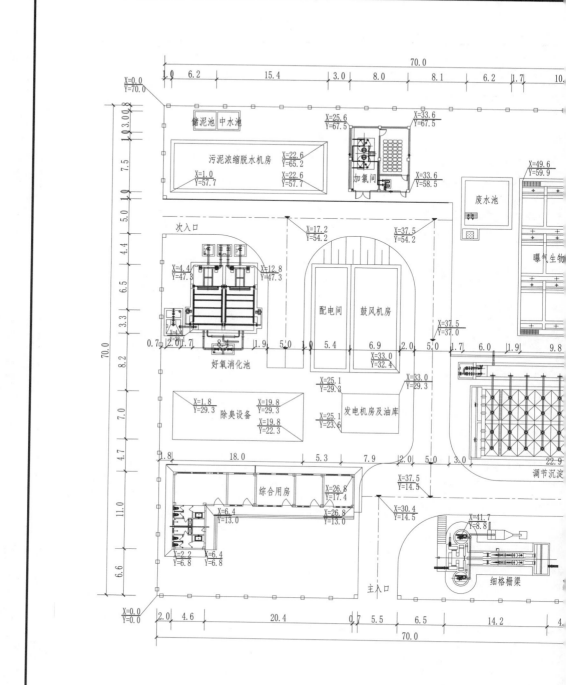

70.0

1.0 6.2　15.4　3.0　8.0　8.1　6.2　1.7　10.

X=0.0
Y=70.0

1.0 3.0 0.8

7.5

1.0

5.0

4.4

6.5

3.3

8.2

70.0

7.0

4.7

11.0

6.6

X=0.0
Y=0.0

储泥池 中水池

污泥浓缩脱水机房　X=22.6
Y=65.2

X=1.0
Y=57.7

X=22.6
Y=57.7

X=25.6
Y=67.5

X=33.6
Y=67.5

加氯间

X=33.6
Y=58.5

废水池

X=49.6
Y=59.9

曝气生物

次入口

X=4.4
Y=47.8

X=12.8
Y=47.3

0.7 2.0 1.7

好氧消化池

X=17.2
Y=54.2

X=37.5
Y=54.2

配电间　鼓风机房

1.9 5.0 1.0 5.4 6.9 2.0

X=33.0
Y=32.4

X=37.5
Y=37.0

5.0 1.7 6.0 1.9 9.8

X=1.8
Y=29.3

除臭设备

X=19.8
Y=29.3

X=19.8
Y=22.3

X=25.1
Y=29.3

发电机房及油库

X=33.0
Y=29.3

X=25.1
Y=23.6

1.8　18.0　5.3　7.9 2.0 5.0 3.0

综合用房

X=6.4
Y=13.0

X=26.8
Y=17.4

X=26.8
Y=13.0

22.9

调节沉淀

X=37.5
Y=14.5

X=30.4
Y=14.5

X=2.2
Y=6.8

X=6.4
Y=6.8

主入口

X=41.7
Y=8.8

细格栅渠

2.0 4.6　20.4　0.7 5.5　6.5　14.2　4.

70.0

污水处理站总平面布置图

1：500

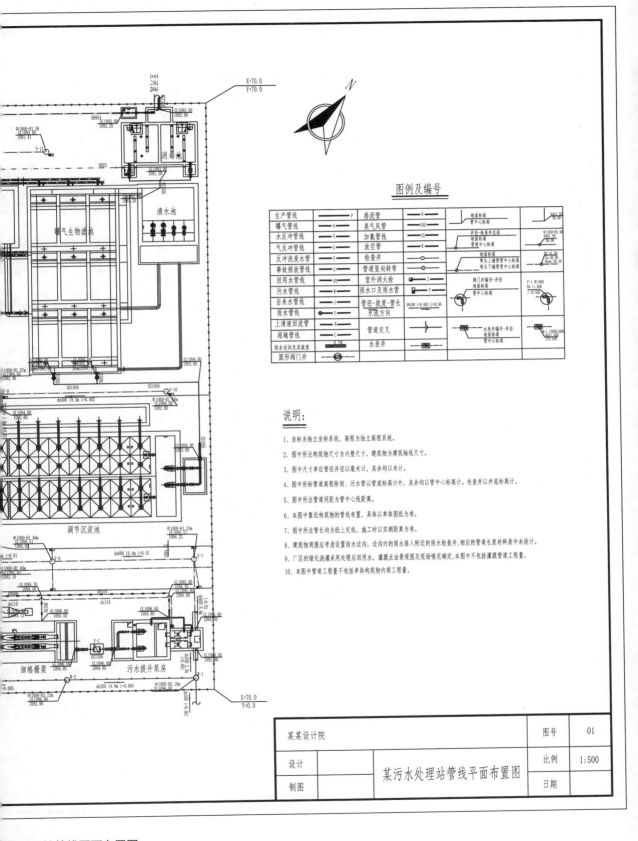

图例及编号

生产管线	———— P	排泥管	———— N		地面标高 H441.50 管中心标高 39.00
曝气管线	———— A	臭气风管	———— GAS		
水反冲管线	———— X	加氯管线	———— K		井径-检查井总区 地面标高 Φ1250-H2.50 管中心标高 H441.50 39.00
气反冲管线	———— G	放空管	———— K		
反冲洗废水管	———— F	检查井	○		地面标高 H4 41.50 弯头上端管管中心标高 等头下端管管中心标高 Down38.50
事故排放管线	———— S	管道竖向转弯	○		
回用水管线	———— HY	室外消火栓	◐ J		阀门井编号-井径 地面标高 F-1 Φ1400 管中心标高 H41 11.500 J 10.500
污水管线	———— W	雨水口及雨水管			
自来水管线	———— Z	管径-坡度-管长 不流方向	DN100 j=0.003 J=10.96		水表井编号-井径 地面标高 管中心标高 H41.500 10.500
雨水管线	◐ Y				
上清液回流管	———— R	管道交叉	┼		H1.150001000 10.500
超越管线	———— C				
雨水边沟及其坡度	◁ 0.5%	水表井	☒		
圆形阀门井	─◎─				

说明：

1、坐标为独立坐标系统，高程为独立高程系统。

2、图中所注构筑物尺寸为内壁尺寸，建筑物为建筑轴线尺寸。

3、图中尺寸单位管径井径以毫米计，其余以米计。

4、图中所标管道高程除雨、污水管以管底标高计外，其余均以管中心标高计，检查井以井底标高计。

5、图中所注管道间距为管中心线距离。

6、本图中靠近构筑物的管线布置，具体以单体图纸为准。

7、图中所注管长均为纸上定线，施工时以实测距离为准。

8、建筑物周围应考虑设置雨水边沟，边沟内的雨水排入附近的雨水检查井，相应的管道长度材料表中未统计。

9、厂区的绿化浇灌采用处理后回用水，灌溉点由景观图及现场情况确定，本图中不包括灌溉管道工程量。

10、本图中管道工程量不包括单体构筑物内部工程量。

某某设计院		图号	01
设计	某污水处理站管线平面布置图	比例	1:500
制图		日期	

污水处理站管线平面布置图

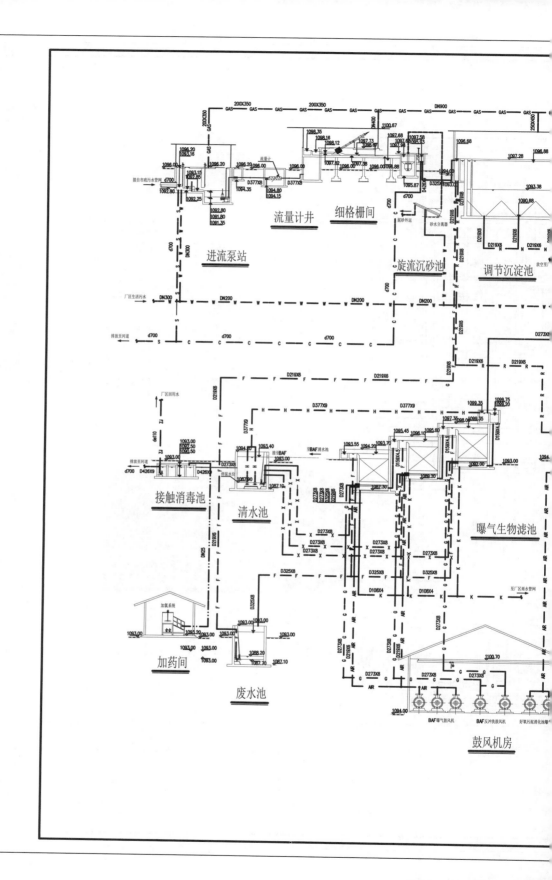

附图 1-4 某污水处理站高

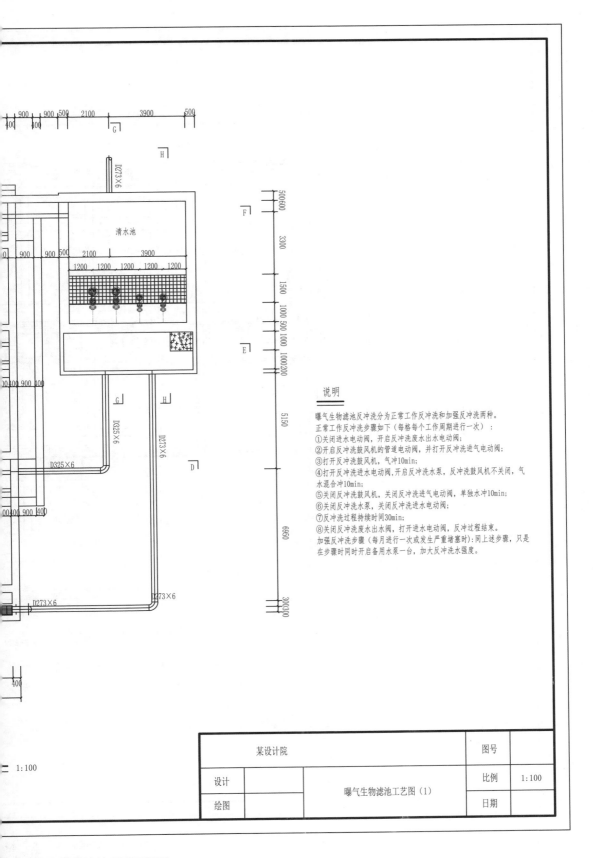

说明

曝气生物滤池反冲洗分为正常工作反冲洗和加强反冲洗两种。
正常工作反冲洗步骤如下（每格每个工作周期进行一次）：
①关闭进水电动阀，开启反冲洗废水出水电动阀；
②开启反冲洗鼓风机的管道电动阀，并打开反冲洗进气电动阀；
③打开反冲洗鼓风机，气冲10min；
④打开反冲洗进水电动阀，开启反冲洗水泵，反冲洗鼓风机不关闭，气水混合冲10min；
⑤关闭反冲洗鼓风机，关闭反冲洗进气电动阀，单独水冲10min；
⑥关闭反冲洗水泵，关闭反冲洗进水电动阀；
⑦反冲洗过程持续时间30min；
⑧关闭反冲洗废水出水阀，打开进水电动阀，反冲过程结束。
加强反冲洗步骤（每月进行一次或发生严重堵塞时）：同上述步骤，只是在步骤④时同时开启备用水泵一台，加大反冲洗水强度。

清水池

D273×6
D325×6
D273×6
D325×6
D273×6
D273×6

某设计院			图号	
设计		曝气生物滤池工艺图（1）	比例	1:100
绘图			日期	

构筑物曝气生物滤池顶层平面图

1:100

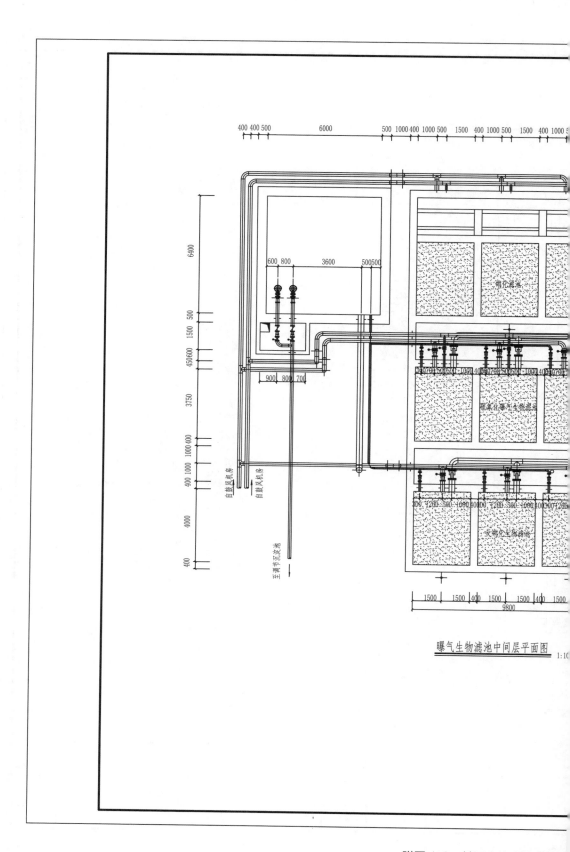

曝气生物滤池中间层平面图

附图 1-6 某污水处理站主体构

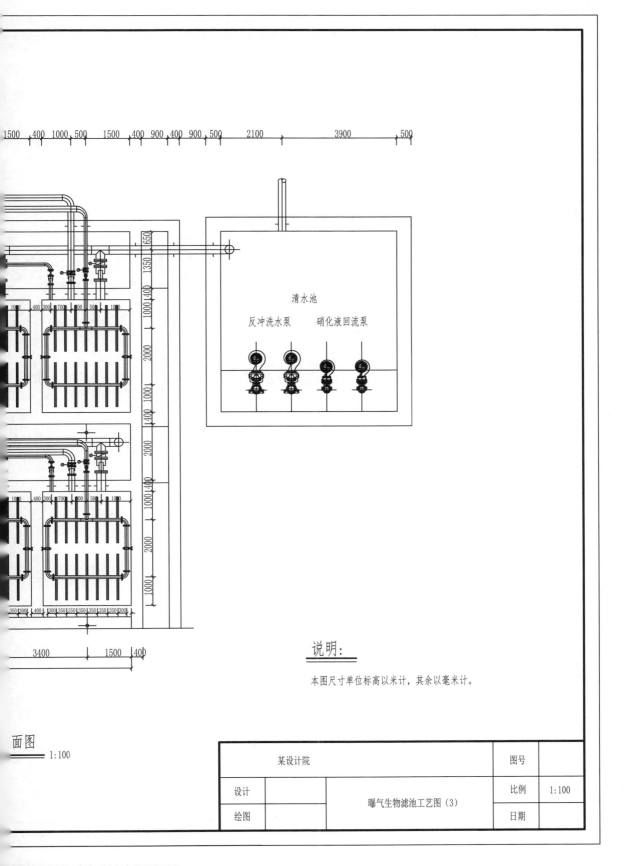

清水池

反冲洗水泵　　硝化液回流泵

说明：

本图尺寸单位标高以米计，其余以毫米计。

面图

1:100

某设计院			图号	
设计		曝气生物滤池工艺图（3）	比例	1:100
绘图			日期	

构筑物曝气生物滤池底层平面图

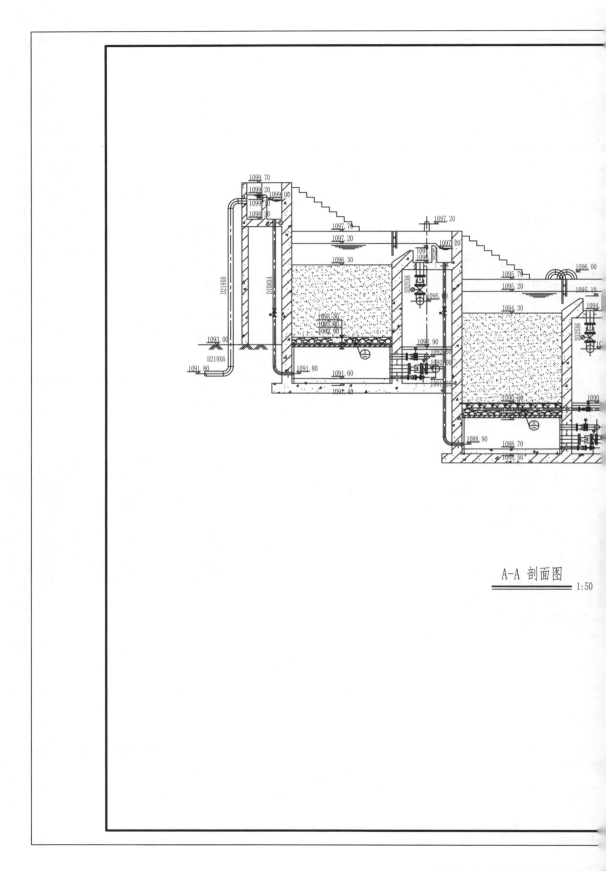

A-A 剖面图   1:50

附图 1-8 某污水处理站主体构

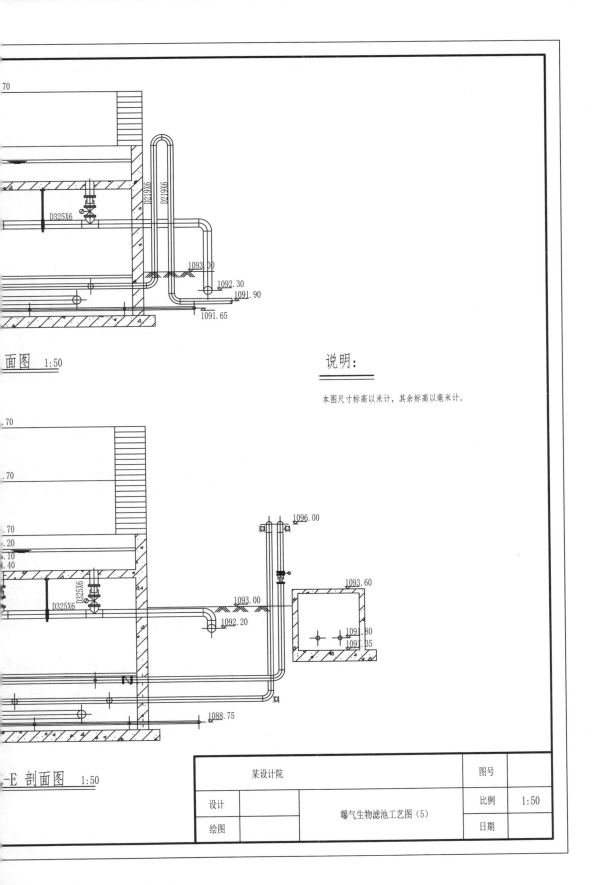

D219X6
D219X6

D325X6

1093.00
1092.30
1091.90
1091.65

面图 1:50

说明：

本图尺寸标高以米计，其余标高以毫米计。

.70

.70

.70
.20
.40

D325X6
D325X6

1096.00

1093.60

1093.00
1092.20

1091.80
1091.35

N

1088.75

-E 剖面图 1:50

某设计院			图号	
设计		曝气生物滤池工艺图（5）	比例	1:50
绘图			日期	

构筑物曝气生物滤池剖面图（二）

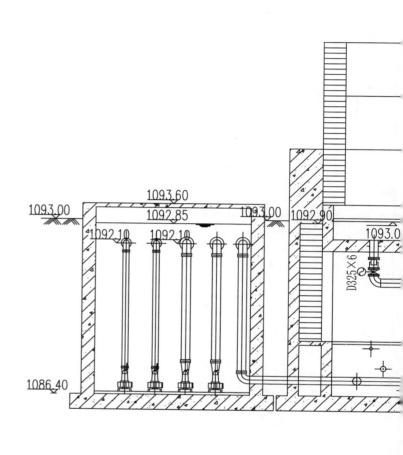

说明：

1. 本图尺寸单位标高以米计，其余以毫米计。
2. 本图所注标高均为绝对标高，厂区地坪标高为1093.0m，图中管道标高均指管中心
3. 所有开孔、留洞的位置和标高应以工程图为准，施工时必须仔细核对。
4. 曝气生物滤池分三级，依次是反硝化滤池、碳氧化曝气生物滤池和硝化生物滤池，平面均采用矩形，共九格，单个尺寸L×B=4.00m×3.00m，工作周期48h。
5. 反冲洗方式采用汽水联合反冲洗，单格反冲洗强度相同：均为反冲洗水速5L/(m²/s
6. 曝气生物滤池运行过程主要分为两个过程：过滤（日常运行状态）和反冲洗过程。生物滤池的曝气鼓风机同时启动，曝气管上的电动阀拨至开启位置，滤池的曝气系统单格轮流反冲洗，每4h就有一格反冲洗；通过预先设定的自动控制程序控制。

附图 1-10 某污水处理站主体

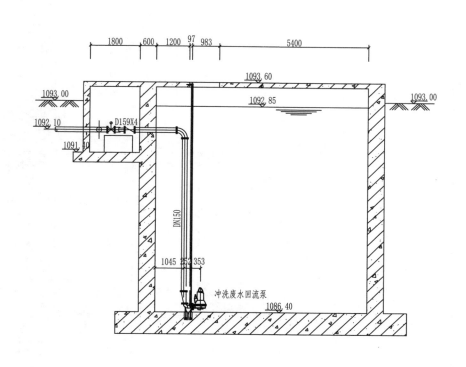

I-I 剖面图 1:50

某设计院		图号	
设计	曝气生物滤池工艺图（7）	比例	1:50
绘图		日期	

构筑物曝气生物滤池剖面图（四）

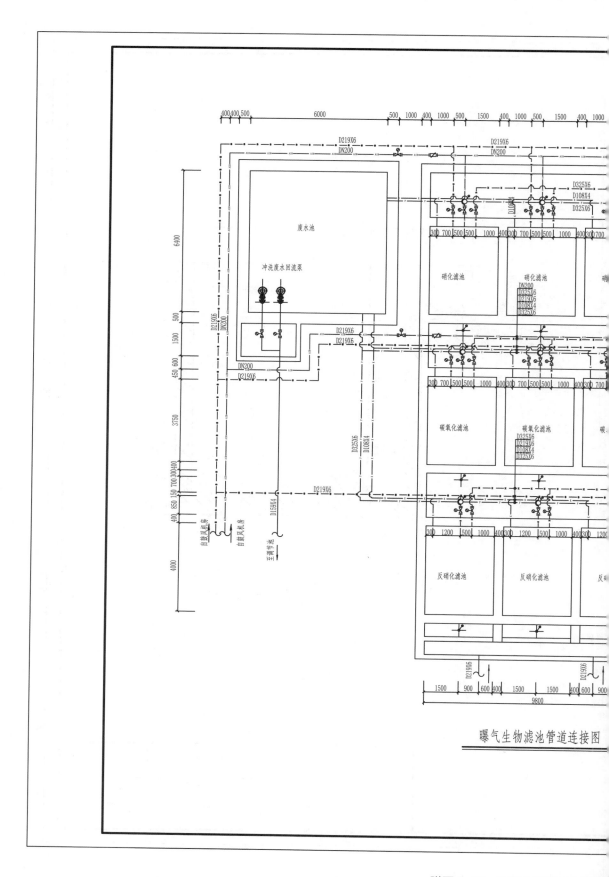

曝气生物滤池管道连接图

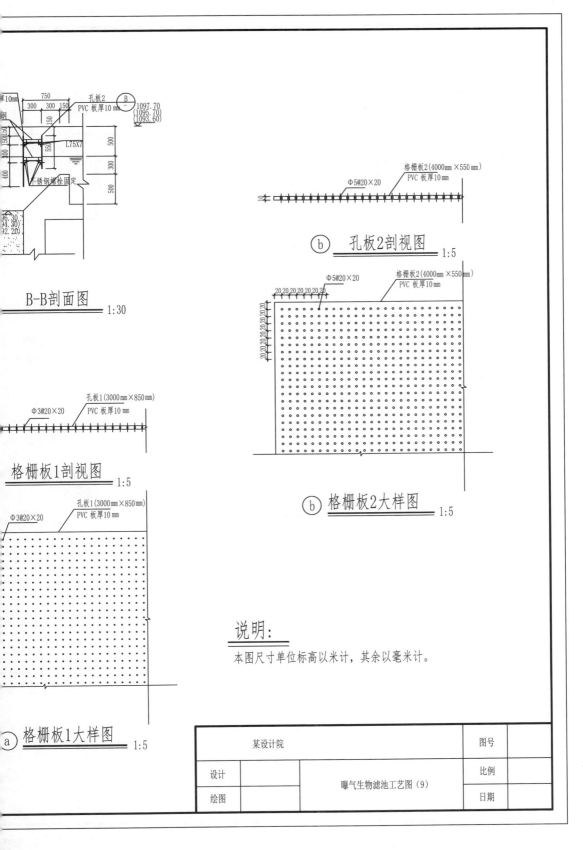

10mm
750
300 300 150
孔板2 B
PVC 板厚10 mm
1097.70
(1095.70)
(1093.60)

150
L75X7
500
550
500
300
400
500

不锈钢螺栓固定

B-B剖面图 1:30

格栅板2(4000mm×550mm)
PVC 板厚10 mm
Φ5@20×20

b 孔板2剖视图 1:5

格栅板2(4000mm×550mm)
PVC 板厚10 mm
Φ5@20×20
20 20 20 20 20 20 20
20 20 20 20 20 20

b 格栅板2大样图 1:5

孔板1(3000mm×850mm)
PVC 板厚10 mm
Φ3@20×20

格栅板1剖视图 1:5

孔板1(3000mm×850mm)
PVC 板厚10 mm
Φ3@20×20

说明:

本图尺寸单位标高以米计,其余以毫米计。

a 格栅板1大样图 1:5

某设计院			图号	
设计		曝气生物滤池工艺图(9)	比例	
绘图			日期	

构筑物曝气生物滤池大样图(一)

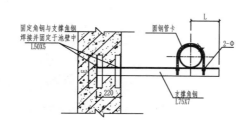

固定角钢与支撑鱼钢
焊接并固定于池壁中
L50X5

圆钢管卡

2-Φ

支撑角钢
L75X7

220

立面图

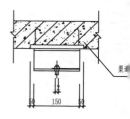

渠道

150

50 50

立面图

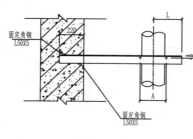

固定角钢
L50X5

220

L

A

固定角钢
L50X5

平面图

⑦ 1号双杆吊

尺寸表

编号	立管直径	L	E	A	Φ	d
1	D159X4	120	240	182	14	12
2	D219X6	150	240	236	18	12
3	D273X6	190	240	294	18	16
4	D377X9	190	370	399	22	16

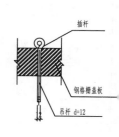

插杆

钢格栅盖板

吊杆 d=12

立面图

⑥ 单管水平支架安装示意图

⑧ 2号双杆吊

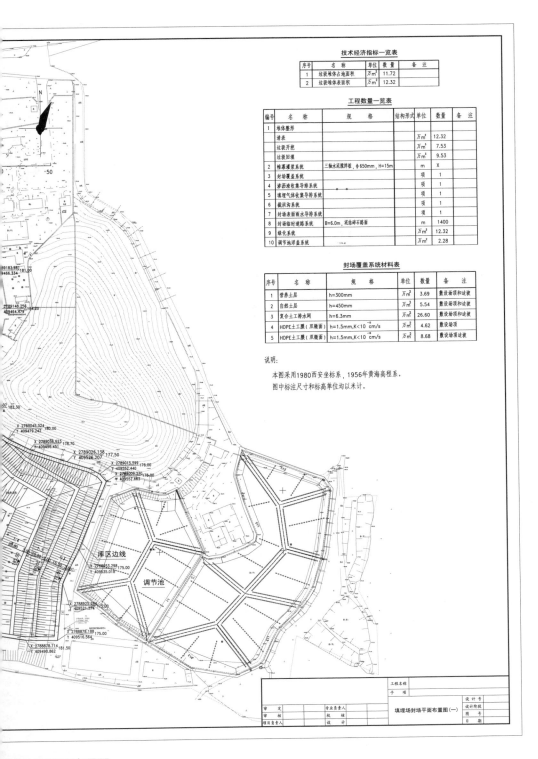

技术经济指标一览表

序号	名 称	单位	数 量	备注
1	垃圾堆体占地面积	万m²	11.72	
2	垃圾堆体表面面积	万m²	12.32	

工程数量一览表

编号	名 称	规 格	结构形式	单位	数量	备注
1	堆体整形					
	清表			万m²	12.32	
	垃圾开挖			万m³	7.53	
	垃圾回填			万m³	9.53	
2	帷幕灌浆系统	三轴水泥搅拌桩，φ650mm，H=15m		m	X	
3	封场覆盖系统			项	1	
4	渗沥液收集导排系统			项	1	
5	填埋气体收集导排系统			项	1	
6	截洪沟系统			项	1	
7	封场表面雨水导排系统			项	1	
8	封场临时道路系统	B=6.0m，泥结碎石路面		m	1400	
9	绿化系统			万m²	12.32	
10	调节池浮盖系统			万m²	2.28	

封场覆盖系统材料表

序号	名 称	规 格	单位	数量	备注
1	营养土层	h=300mm	万m²	3.69	敷设场顶和边坡
2	自然土层	h=450mm	万m²	5.54	敷设场顶和边坡
3	复合土排水网	h=6.3mm	万m²	26.60	敷设场顶和边坡
4	HDPE土工膜（双糙面）	h=1.5mm，K<10^{-13}cm/s	万m²	4.62	敷设场顶
5	HDPE土工膜（双糙面）	h=1.5mm，K<10^{-13}cm/s	万m²	8.68	敷设场顶边坡

说明:

本图采用1980西安坐标系，1956年黄海高程系。

图中标注尺寸和标高单位均以米计。

库区边线

调节池

工程名称			设计号	
子 项				
审 定	专业负责人	填埋场封场平面布置图（一）	设计阶段	
审 核	校 核		图 号	
项目负责人	设 计		日 期	

埋场封场平面布置图

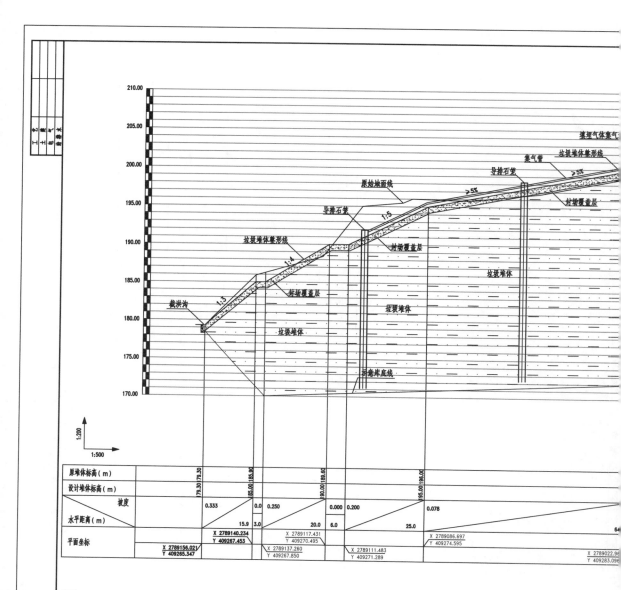

说明:

1.图中标注尺寸和标高单位均以米计;采用1980西安坐标系,1956年黄海高程系。

2.本图是以填场封场平面布置图1—1剖面线而形成的剖面图。

附图 2-2 某卫生填埋

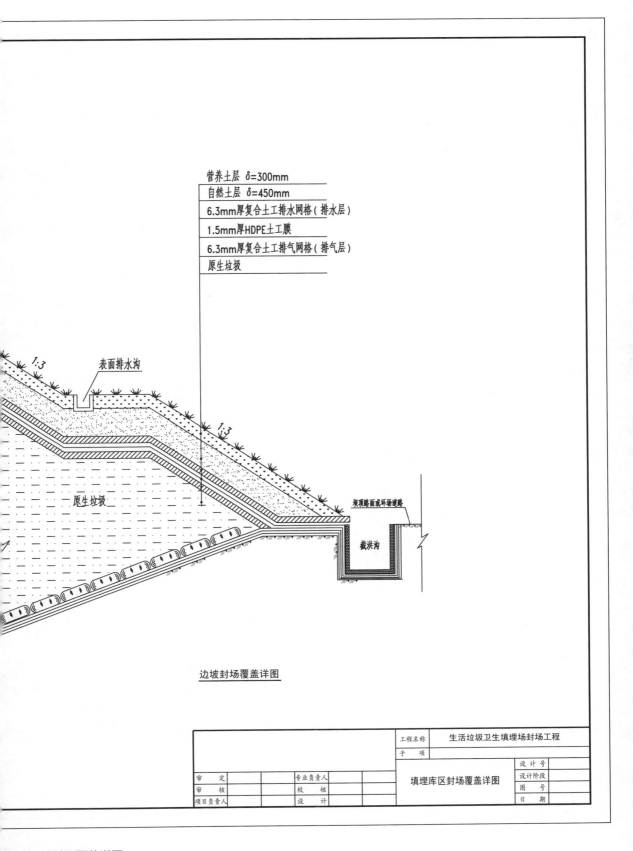

营养土层 δ=300mm
自然土层 δ=450mm
6.3mm厚复合土排水网格（排水层）
1.5mm厚HDPE土工膜
6.3mm厚复合土排气网格（排气层）
原生垃圾

1:3

表面排水沟

1:3

原生垃圾

坝顶路面或环场道路

截洪沟

边坡封场覆盖详图

工程名称	生活垃圾卫生填埋场封场工程			
子　项				
审　定		专业负责人		设计号
审　核		校　核		设计阶段
项目负责人		设　计		图　号

填埋库区封场覆盖详图

日　期

生填埋场封场覆盖详图

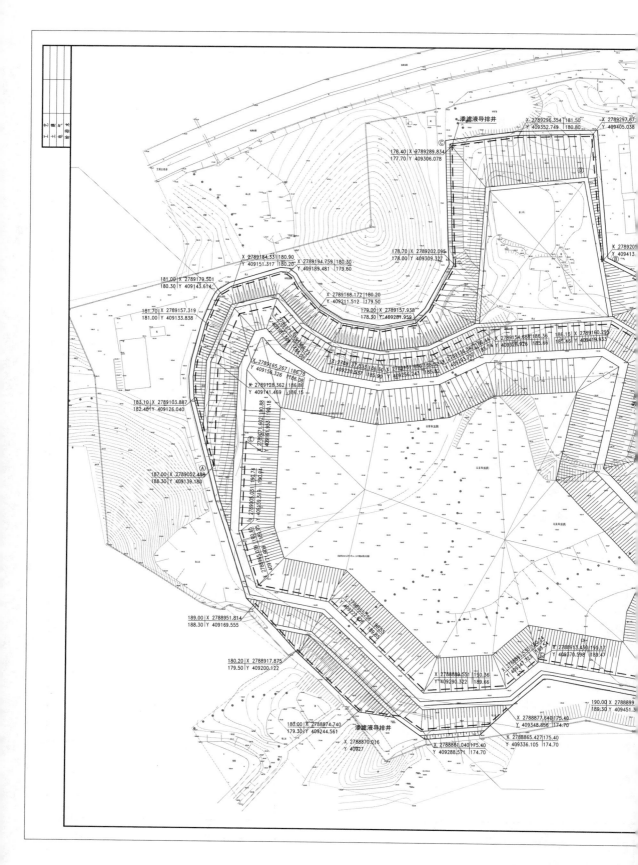

附图 2-4 某卫生填埋场渗滤

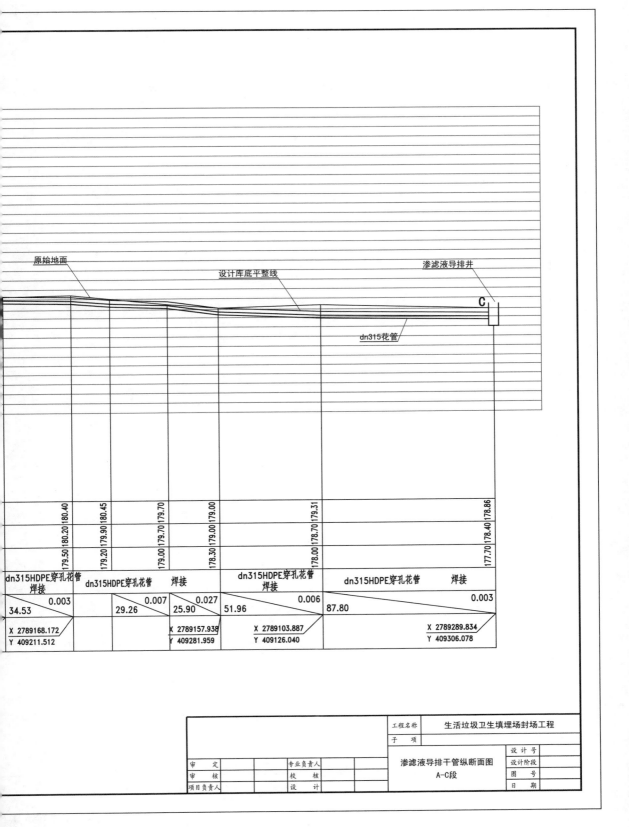

原始地面　　　　　　　　　　　　　　　　　　设计库底平整线　　　　　　　　　　　　　渗滤液导排井

C

dn315花管

| | 179.50 | 180.20 | 180.40 | | 179.20 | 179.90 | 180.45 | | 179.00 | 179.70 | 179.70 | | 178.30 | 179.00 | 179.00 | | 178.00 | 178.70 | 179.31 | | | | 177.70 | 178.40 | 178.86 |

dn315HDPE穿孔花管 焊接	dn315HDPE穿孔花管 焊接	dn315HDPE穿孔花管 焊接	dn315HDPE穿孔花管 焊接
0.003	0.007 0.027	0.006	0.003
34.53	29.26 25.90	51.96 87.80	

X 2789168.172
Y 409211.512

X 2789157.938
Y 409281.959

X 2789103.887
Y 409126.040

X 2789289.834
Y 409306.078

	工程名称	生活垃圾卫生填埋场封场工程		
	子 项			
审 定	专业负责人		设 计 号	
审 核	校 核	渗滤液导排干管纵断面图	设计阶段	
		A-C段	图 号	
项目负责人	设 计		日 期	

场渗滤液导排干管纵断面图

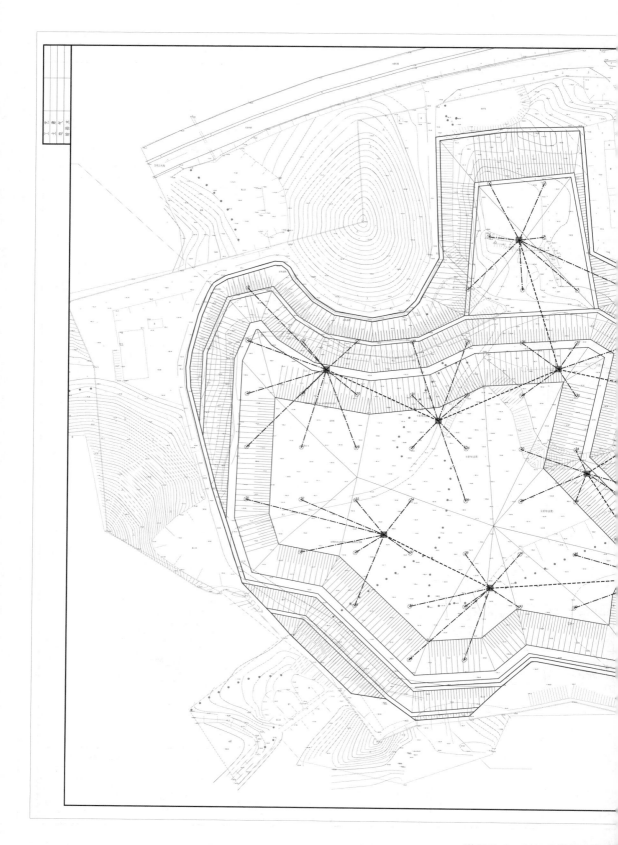

附图 2-6　某卫生填埋场填埋

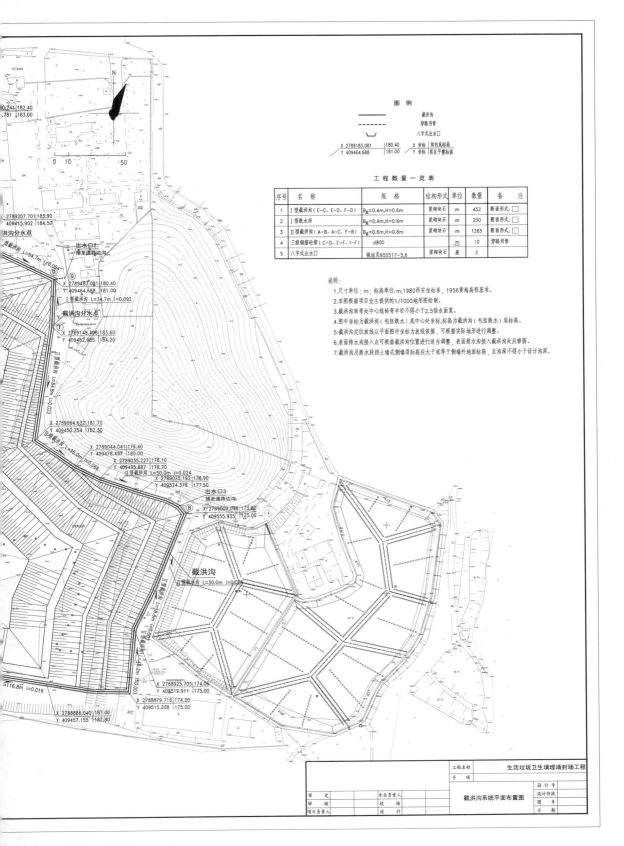

图例

———		截洪沟
- - - - -		穿路用管
∪		八字式出水口

X 2789183.081	180.40	X 坐标	沟内底标高
Y 409464.688	181.00	Y 坐标	库区平整标高

工 程 数 量 一 览 表

序号	名 称	规 格	结构形式	单位	数量	备 注
1	I型截洪沟(E-C、E-D、F-D)	B底=0.4m,H=0.6m	浆砌块石	m	432	断面形式: □
2	I型跌水段	B底=0.4m,H=0.6m	浆砌块石	m	230	断面形式: □
3	II型截洪沟(A-B、A-C、F-B)	B底=0.6m,H=0.8m	浆砌块石	m	1265	断面形式: □
4	三级钢筋砼管(C-D、E-F、I-F)	d800		m	10	穿路用管
5	八字式出水口	做法见95S517-5,6	浆砌块石	座	3	

说明:

1.尺寸单位:m;标高单位:m;1980西安坐标系,1956黄海高程基准。

2.本图根据项目业主提供的1/1000地形图绘制。

3.截洪沟转弯处中心线转弯半径不得小于2.5倍水面宽。

4.图中坐标为截洪沟(包括跌水)底中心处坐标,标高为截洪沟(包括跌水)底标高。

5.截洪沟定位放线以平面图中坐标为放线依据,可根据实际地形进行调整。

6.表面排水沟接入点可根据截洪沟位置进行适当调整,表面排水沟接入截洪沟处应修墙。

7.截洪沟及跌水段挡土墙式侧墙顶标高应大于或等于侧墙外面地面标高,且沟深不得小于设计沟深。

工程名称			生活垃圾卫生填埋场封场工程
子 项			
			截洪沟系统平面布置图
审 定		专业负责人	
审 核		校 核	
项目负责人		设 计	

场截洪沟系统平面布置图

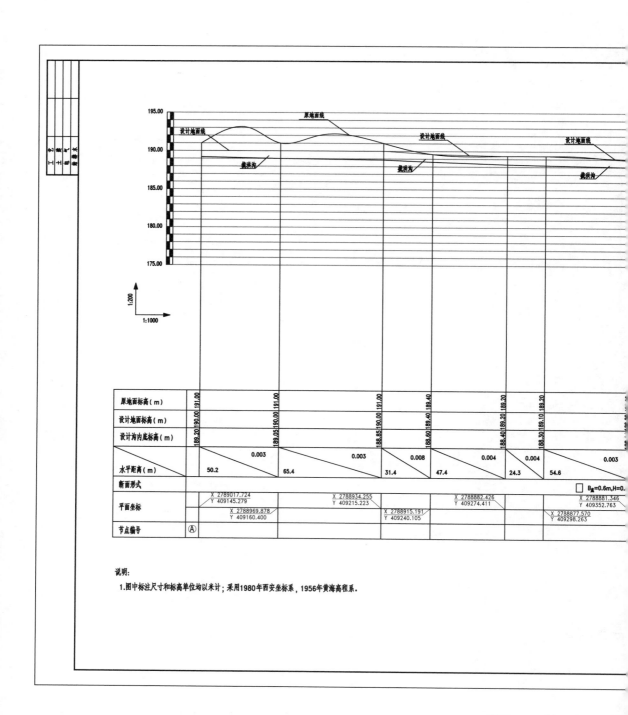

原地面标高（m）	191.00	191.00	191.00	189.40	189.20	189.20	
设计地面标高（m）	190.20 190.00	189.05 190.00	190.00	189.40	189.20	189.10	
设计沟内底标高（m）	189.20	189.05	188.85	188.60	188.40	188.30	
水平距离（m）	50.2	0.003 65.4	0.003 31.4	0.008 47.4	0.004 24.3	0.004 54.6	0.003
断面形式						□ B底=0.6m,H=0.	
平面坐标	X 2789017.724 Y 409145.279 X 2788969.878 Y 409160.400	X 2788934.255 Y 409215.223	X 2788882.426 Y 409274.411 X 2788915.191 Y 409240.105		X 2788881.346 Y 409352.763 X 2788877.570 Y 409298.263		
节点编号	Ⓐ						

说明:

1.图中标注尺寸和标高单位均以米计；采用1980年西安坐标系，1956年黄海高程系.

附图 2-8　某卫生填埋场 A

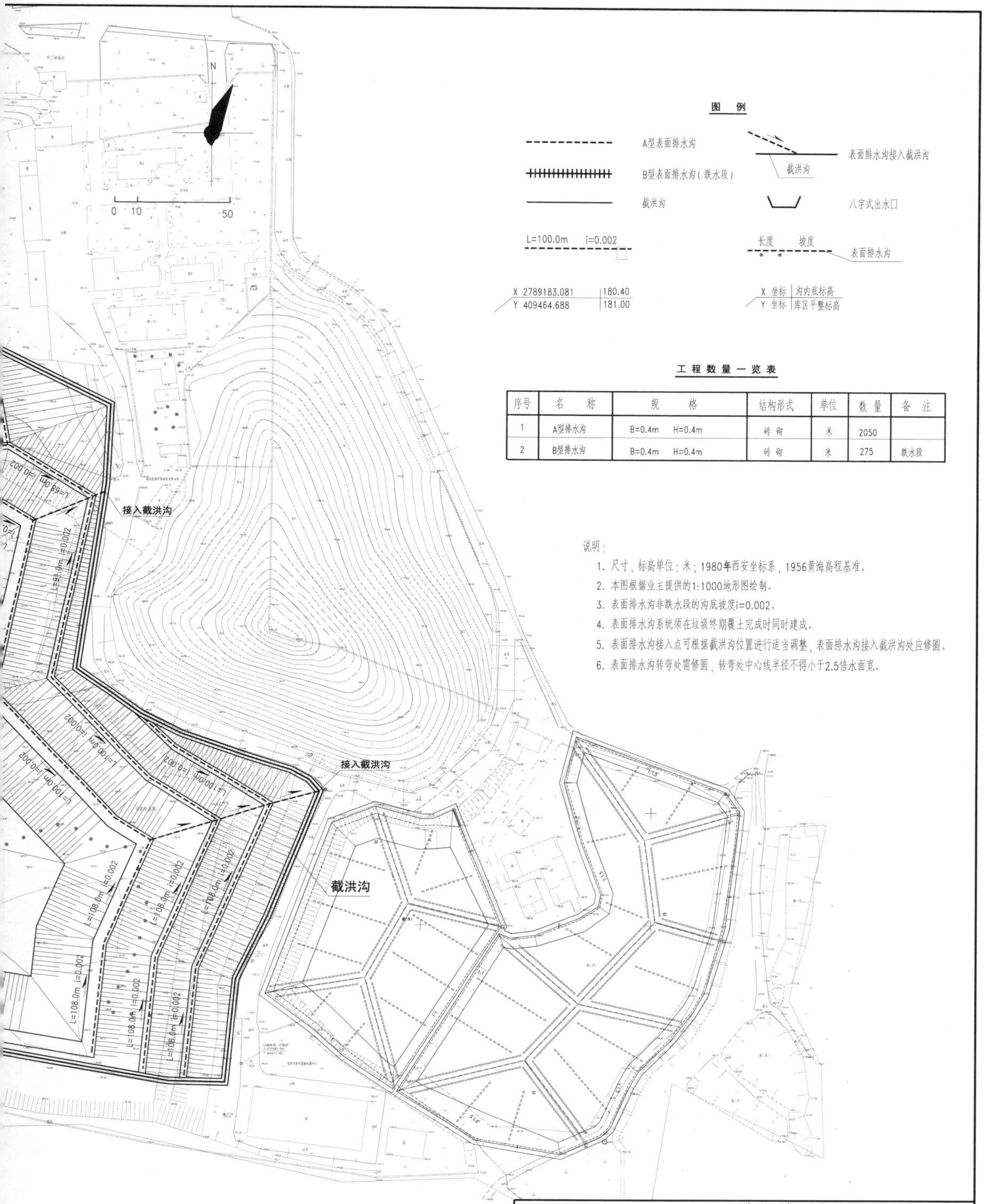
N
0 10 50
接入截洪沟
接入截洪沟
截洪沟
L=108.0m i=0.002
L=100.0m i=0.002
L=91.0m i=0.002
图 例
A型表面排水沟
B型表面排水沟（跌水段）
截洪沟
表面排水沟接入截洪沟
截洪沟
八字式出水口
L=100.0m i=0.002
长度 坡度
表面排水沟
X 2789183.081 180.40
Y 409464.688 181.00
X 坐标 沟内底标高
Y 坐标 库区平整标高

工程数量一览表

序号	名　称	规　格	结构形式	单位	数量	备注
1	A型排水沟	B=0.4m　H=0.4m	砖砌	米	2050	
2	B型排水沟	B=0.4m　H=0.4m	砖砌	米	275	跌水段

说明：

1. 尺寸，标高单位：米；1980年西安坐标系，1956黄海高程基准。
2. 本图根据业主提供的1:1000地形图绘制。
3. 表面排水沟非跌水段的沟底坡度i=0.002。
4. 表面排水沟系统须在垃圾终期覆土完成时同时建成。
5. 表面排水沟接入点可根据截洪沟位置进行适当调整，表面排水沟接入截洪沟处应修圆。
6. 表面排水沟转弯处需修圆，转弯处中心线半径不得小于2.5倍水面宽。

						工程名称	生活垃圾卫生填埋场封场工程	
						子　项		
审　定			专业负责人			封场表面排水系统平面布置图	设计号	
							设计阶段	
审　核			校　核				图　号	
项目负责人			设　计				日　期	

封场表面排水沟平面布置图

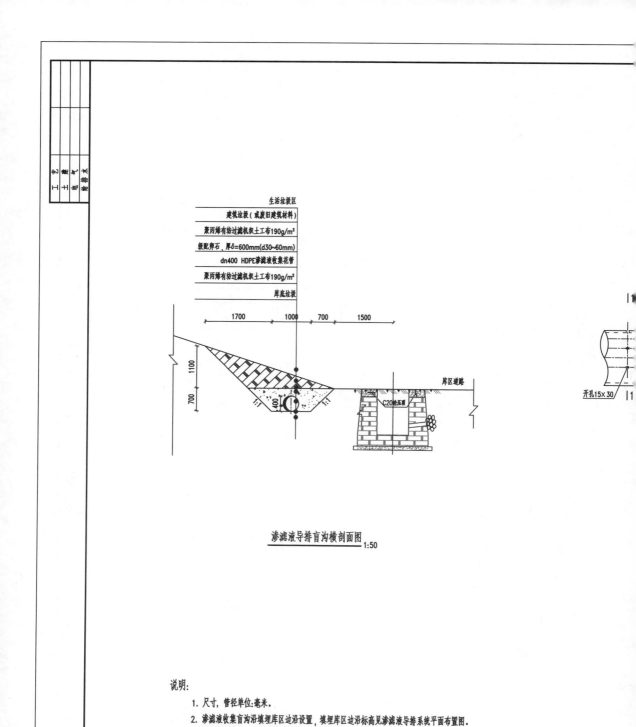

生活垃圾区

建筑垃圾（或废旧建筑材料）

聚丙烯有纺过滤机织土工布190g/m²

级配卵石，厚δ=600mm(d30~60mm)

dn400 HDPE渗滤液收集花管

聚丙烯有纺过滤机织土工布190g/m²

库底垃圾

1700   1000   700   1500

1100

700

400

库区道路

C20砼压顶

开孔15×30

渗滤液导排盲沟横剖面图 1:50

说明:

1. 尺寸, 管径单位:毫米.

2. 渗滤液收集盲沟沿填埋库区边沿设置, 填埋库区边沿标高见渗滤液导排系统平面布置图.

3. 敷设盲沟内HDPE花管时, 管道连接方式焊接.

4. 库底及盲沟施工在铺砌砂卵石前应整平夯实.

附图 2-10 某卫生填埋场渗

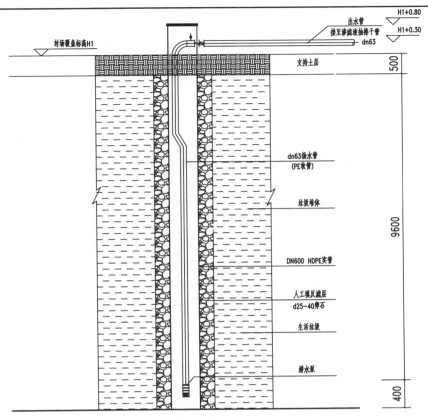

封场覆盖标高H1

出水管
接至渗滤液抽排干管
H1+0.80
H1+0.30
dn63

支持土层

500

dn63扬水管
(PE软管)

垃圾堆体

9600

DN600 HDPE实管

人工填反滤层
d25-40碎石

生活垃圾

潜水泵

400

450 600 450

S6-S9渗滤液抽排井大样图 无比例

主要材料表

序号	名 称	规 格	材料	单位	数量	备 注
1	井壁花管	dn600,0.8MPa	HDPE	米	10	
2	井壁实管	dn600,0.8MPa	HDPE	个	5	此长度可根据封场标高调整
3	快速排气阀	dn15	组合	个	1	
4	手动蝶阀	dn63,0.8MPa	组合	个	1	
5	止回阀	dn63,0.8MPa	组合	个	1	
6	扬水管	DN63,0.8MPa	HDPE	个	25	软管,此长度可根据封场标高调整

主要设备表

序号	名 称	规 格	单位	数量	备 注
1	潜水排污泵	Q=10m³/h H=25m P=2.2kw	台	1	

	工程名称	生活垃圾卫生填埋场封场工程		
	子 项			
		渗滤液抽排井 大样图	设计号	
			设计阶段	
审 定	专业负责人		图 号	
审 核	校 核		日 期	
项目负责人	设 计			

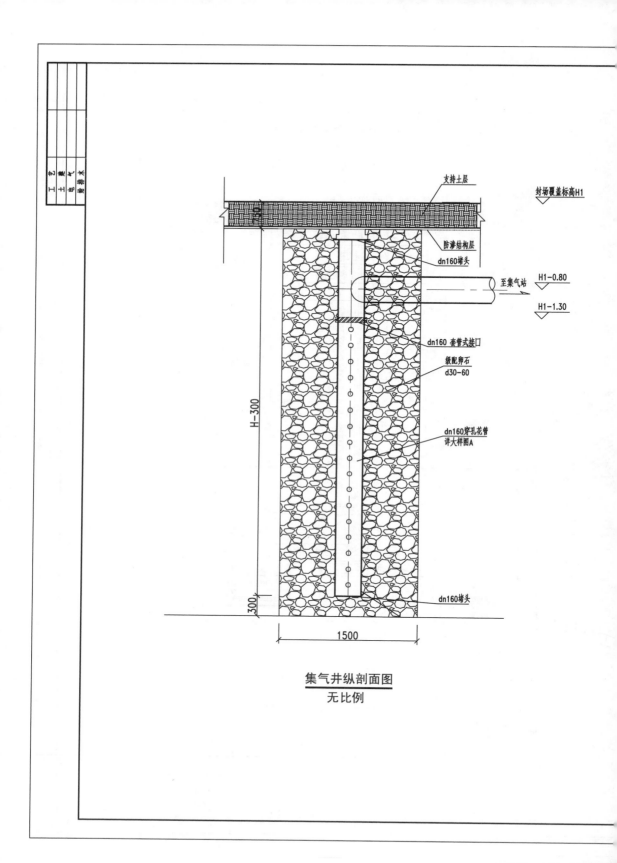

支持土层

封场覆盖标高H1

防渗结构层

dn160堵头

至集气站　　H1-0.80

H1-1.30

dn160 套管式接口

级配卵石
d30-60

dn160穿孔花管
详大样图A

dn160堵头

H-300

300

1500

集气井纵剖面图
无比例

附图 2-12　某卫生填

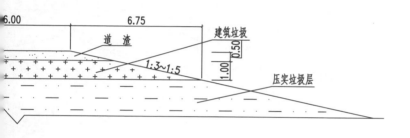

6.00　　　　　　　　6.75　　　　　　建筑垃圾

道　渣

1:3~1:5

0.50

1.00

压实垃圾层

道路横断面图

1:100

工程名称	生活垃圾卫生填埋场封场工程			
子　项				
			设 计 号	
审　定		专业负责人	设计阶段	
审　核		校　核	封场道路横断面图	图　号
项目负责人		设　计	日　期	

填埋场封场道路横断面图

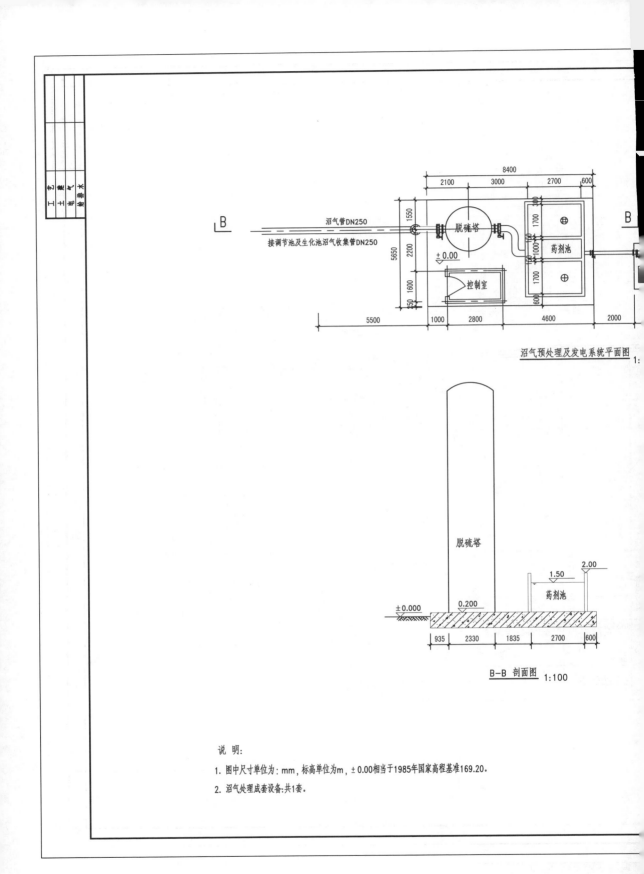

沼气预处理及发电系统平面图 1:

B—B 剖面图 1:100

说 明:

1. 图中尺寸单位为:mm,标高单位为m,±0.00相当于1985年国家高程基准169.20。

2. 沼气处理成套设备:共1套。

附图 2-14 某卫生填埋场